国家骨干高职院校建设项目成果　环境艺术设计专业项目式教学系列教材

餐饮空间设计

（附实训指导书）

任洪伟　主编

中国水利水电出版社
www.waterpub.com.cn

内 容 提 要

　　本书从设计实践和设计应用的角度，按照社会工作中设计项目的实际运行流程，详细地介绍了公共餐饮空间设计的知识、方法、程序和步骤。全书从设计工作过程中的各个阶段提炼出5个项目，展开工作任务，通过完成项目任务的方式，使学生掌握相关理论、方法和实践。这5个项目包括：项目一：餐饮空间功能分区；项目二：餐厅空间的设备布置；项目三：现代风格餐饮空间艺术设计；项目四：中式风格餐饮空间艺术设计；项目五：西式风格餐饮空间艺术设计。每个项目又包括2～4个工作任务。学生通过完成工作任务体会工作过程，掌握相关技能。

　　本书内容新颖，实践性强，可作为高职高专环境艺术设计、室内设计等相关专业的教材，也可供建筑设计、室内设计人员等相关人员参考使用。

图书在版编目（ＣＩＰ）数据

餐饮空间设计 / 任洪伟主编. -- 北京 ： 中国水利
水电出版社，2013.9 (2016.1重印)
国家骨干高职院校建设项目成果. 环境艺术设计专业
项目式教学系列教材 ： 附实训指导书
　ISBN 978-7-5170-1253-5

　Ⅰ．①餐… Ⅱ．①任… Ⅲ．①饮食业－服务建筑－室
内装饰设计－高等职业教育－教材 Ⅳ．①TU247.3

中国版本图书馆CIP数据核字(2013)第220847号

书　　名	国家骨干高职院校建设项目成果　环境艺术设计专业项目式教学系列教材 **餐饮空间设计（附实训指导书）**
作　　者	任洪伟　主编
出版发行	中国水利水电出版社 （北京市海淀区玉渊潭南路1号D座　100038） 网址：www.waterpub.com.cn E-mail：sales@waterpub.com.cn 电话：（010）68367658（发行部）
经　　售	北京科水图书销售中心（零售） 电话：（010）88383994、63202643、68545874 全国各地新华书店和相关出版物销售网点
排　　版	北京时代澄宇科技有限公司
印　　刷	北京嘉恒彩色印刷有限责任公司
规　　格	210mm×285mm　16开本　13.5印张（总）　473千字（总）　3插页
版　　次	2013年9月第1版　2016年1月第3次印刷
印　　数	4001—7000册
总 定 价	49.00元（附实训指导书）

凡购买我社图书，如有缺页、倒页、脱页的，本社发行部负责调换

哈尔滨职业技术学院环境艺术设计专业教材
编审委员会

主　任：王长文（哈尔滨职业技术学院　校长）

副主任：刘　敏（哈尔滨职业技术学院　副校长）

　　　　孙百鸣（哈尔滨职业技术学院　教务处处长）

　　　　杨力加（哈尔滨建筑设计院　总建筑师）

　　　　黄耀成（哈尔滨职业技术学院　艺术与设计学院院长）

委　员：庄　伟（哈尔滨职业技术学院　环境艺术设计教研室主任）

　　　　陈　松（黑龙江国光建筑装饰设计研究院　院长）

　　　　徐延忠（哈尔滨海佩空间艺术装饰工程有限公司　设计总监）

　　　　徐铭杰（哈尔滨职业技术学院　环境艺术设计教研室教师）

　　　　刘大欣（哈尔滨职业技术学院　环境艺术设计教研室教师）

　　　　任洪伟（哈尔滨职业技术学院　环境艺术设计教研室教师）

　　　　朱存侠（哈尔滨职业技术学院　环境艺术设计教研室教师）

　　　　赵雁鸣（哈尔滨职业技术学院　环境艺术设计教研室教师）

　　　　韩露枫（哈尔滨职业技术学院　环境艺术设计教研室教师）

　　　　唐　锐（哈尔滨职业技术学院　环境艺术设计教研室教师）

　　　　石　岩（哈尔滨职业技术学院　环境艺术设计教研室教师）

　　　　金晶凯（哈尔滨职业技术学院　环境艺术设计教研室教师）

　　　　蒋宝滨（哈尔滨职业技术学院　环境艺术设计教研室教师）

本书编审人员

主　　编：任洪伟（哈尔滨职业技术学院）

副主编：曲美亭（东北农业大学艺术学院）

参　　编：金日龙（大连理工大学城市学院）

　　　　　任禹豫（大连理工大学城市学院）

　　　　　高　原（哈尔滨职业技术学院）

　　　　　乔　横（哈尔滨职业技术学院）

　　　　　刘丽华（哈尔滨职业技术学院）

　　　　　刘大欣（哈尔滨职业技术学院）

　　　　　石　岩（哈尔滨职业技术学院）

　　　　　韩露枫（哈尔滨职业技术学院）

　　　　　姜　巍（黑龙江乐知文化传播有限公司）

　　　　　徐庭春（曼哈顿商务集团装饰工程部）

　　　　　刘典典（沈阳工业大学文法学院）

　　　　　杨洪戈（吉林华艺建筑装饰工程有限公司）

主　　审：蒋宝斌（哈尔滨职业技术学院）

　　　　　金晶凯（哈尔滨职业技术学院）

编 写 说 明

为贯彻落实教育部《关于以就业为导向深化高等职业教育改革的若干意见》的精神，加强教材建设，确保教材质量，哈尔滨职业技术学院环境艺术设计专业教研室组织编写了一套项目导向式系列教材，由中国水利水电出版社出版，展示我校环境艺术设计专业学工融合、一体化教学的课程开发成果，为更好地推进国家骨干高职院校建设做出我们的贡献。

职业教育与社会经济的发展联系越来越紧密，职业教育课程的改革势在必行。"环境艺术设计专业项目式教学系列教材"就是在这样的背景下组织编写的。本系列教材的编者打破传统，摒弃长期以来存在的重理论知识轻职业能力的弊端，以黑龙江省教育厅《高职环境艺术设计专业实践育人模式的研究与实践》、黑龙江省职业教育学会《"学工融合工作室"人才培养模式创新研究》课题研究为依托，根据专业职业活动，确定教材内容，加以科学组织。

"环境艺术设计专业项目式教学系列教材"根据有关课题研究成果和长期教学经验以及建筑装饰企业常规管理规范，提出了项目导向式的教学模式。即以企业真实工作项目为载体，以岗位工作任务为导向，与企业第一线专家共同开发项目课程教材。按照建筑装饰行业核心能力的要求，围绕"学工融合的工作室"人才培养模式，建设环境艺术设计专业项目式教学系列教材，全面培养学生以专业能力、方法能力、社会能力为主的综合职业能力。

本系列教材与建筑装饰企业共同开发，将设计企业要求对设计人才的需求与环境艺术设计专业教学环节紧密结合，教学不再是教师的"一言堂"，而成为教、学双向互动的"满堂彩"。教材的主要特点如下：

一、依托室内设计工作室，与建筑装饰企业合作，引入企业真实项目和实际案例，实训教学与企业实际工作过程相结合，学生的实训更切合实际。

二、实训教学的考核和评价多元化，有学生的自我评价、互相评价，还有企业评价等。

三、注重培养学生的职业综合素质，强调团队合作、自主学习和沟通交流。

本系列教材适合于高等职业院校项目式课程改革使用，也可作为本专业技术人员的自学读物或培训用书。

本系列教材采取校企合作方式编写，突出工学结合的学工融合工作室式培养特色，教材具有较强的适用性、针对性和推广价值，愿以此系列教材为国家示范性高职院校和国家骨干高职院校建设贡献力量。

哈尔滨职业技术学院环境艺术设计专业教材编审委员会

2013 年 5 月

公共餐饮空间设计是环境艺术设计行业必须涉猎的一个非常重要的设计方面，在社会大型的建筑装饰公司的设计工作中是个重点也是个难点，目前的环境艺术设计行业不断发展，从事设计工作的设计师的设计理念日趋成熟，设计水平不断提高，设计方案竞争激烈。同时，伴随着国家经济的发展，商业经济的迅速发展，从事公共商业餐饮的企业竞争日趋激烈，各个企业家对餐饮空间设计的要求也越来越高，这在给设计师提供了机会同时也提出了巨大的挑战，与时俱进和社会行业发展同步无疑是设计师必备的素质，本书就是从这个角度展开全书的内容，力图使即将进入设计行业的设计师，培养一个好的学习方法，有一个较为便捷的成长之路，那就是站在巨人的肩膀上，通过专业技术和个人的智慧，进一步创新，创作出更好的商业空间的设计原创作品。

本书结合职业教育的特点，以实际的工程项目为主导，展开公共餐饮空间设计理论知识与工作技能，环环相扣，逻辑性强，通过工程项目分解工作过程设立 4 个工作任务，解决涉及过程中的设计问题，随着设计问题的逐步解决，最终完成设计工作的不同阶段，达到学习工作能够有机的结合，达到最好的学习效果。这也是职业教育改革所追求的目标，理论知识要有很强的实践意义。

本书大量地列举了市场存在的商业餐饮空间设计案例的照片，目的是让读者对商业餐饮空间目前的状况有一个广泛的了解，通过成功案例切实理解设计理论的直观效果，从而提高学生的设计水平和设计能力，本书所列举的照片都是编者精选的众多优秀设计方案。由于设计者不详，所以无法征得这些设计者的同意，所选图片来源于多方面的设计资料，在本书后面参考文献中一一列出，在此表示感谢。如有不妥之处，请与编者联系。

《餐饮空间设计》主要编写人员分工如下表：

教材章节		编写人员
项目一　餐饮空间功能分区		任洪伟
项目二　餐厅空间的设备布置		曲美亭　任禹豫　高　原
项目三　现代风格餐饮空间艺术设计	一、现代设计风格	任洪伟
	二、餐饮空间艺术设计理念	任洪伟
	三、餐厅空间艺术设计的基本原则	任洪伟　韩露枫　石　岩
	四、餐饮空间艺术设计	任洪伟　金日龙　刘大欣
项目四　中式风格餐饮空间艺术设计	一、中式设计风格	任洪伟　姜　巍
	二、餐厅空间艺术设计原则	任洪伟　刘丽华
	三、餐饮空间艺术设计要点	任洪伟　乔　横　刘典典
	四、餐饮空间主题设计	任洪伟　曲美亭
项目五　西式风格餐饮空间艺术设计		任洪伟　金日龙　杨洪戈

《餐饮空间设计实训指导书》主要编写人员分工如下表：

实训项目	编写人员
项目一　餐饮空间功能分区	任洪伟　姜　巍
项目二　餐厅空间的设备布置	任洪伟　任禹豫
项目三　现代风格餐饮空间艺术设计	任洪伟　徐庭春
项目四　中式风格餐饮空间艺术设计	任洪伟
项目五　西式风格餐饮空间艺术设计	任洪伟

　　本教材与吉林华艺建筑装饰工程有限公司和黑龙江乐知文化传播有限公司共同编写，编写过程中得到哈尔滨职业技术学院教务处孙百鸣处长的指导和哈尔滨职业技术学院艺术与设计学院环境艺术教研室全体教师的大力支持，在此也一并致谢。由于时间仓促，书中如有不足之处，敬请读者批评指正。

编　者

2013 年 5 月

目录

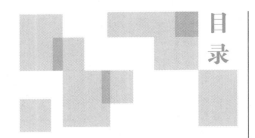

目 录

项目一　餐饮空间功能分区

实训基础

餐饮空间功能分区

功能分区是餐饮空间设计的重要内容，功能分区是否合理，直接影响酒店的使用和经营管理。在功能分区合理的前提下，对餐饮空间的各使用功能空间加以分割，布置餐饮设备，规划交通路线，进行科学与艺术的平面设计，将为进一步的空间艺术设计奠定良好的基础。餐饮空间良好的功能分区不仅会满足顾客必要的使用需求，同时也会对酒店的经营管理产生良好的影响。

满足功能需要是设计的前提。设计源于生活，又高于生活，它既包括材料与施工技术的物质方面，也包括人类社会文化与艺术的价值观念和人的精神需求方面，它是人类生活中不可缺少的活动之一。

随着经济的发展，我国餐饮服务业如雨后春笋般茁壮发展，特别是在经济发达地区，星级宾馆、商务会馆、豪华大酒店等高档餐饮服务场所，其商业性、豪华性已今非昔比，这是社会经济发展带来的必然结果。

同时餐饮服务也是社会活动中不可或缺的一个重要部分，它在满足人们餐饮消费的同时，还要满足人们社会交往方面的社会需求。餐饮酒店还是星级宾馆、商务会馆、豪华大酒店的重要组成部分。

独立式的餐饮机构，使只具有餐饮服务的酒店也广泛出现。它们是餐饮服务的大众消费团体，占社会餐饮服务的主流。随着社会消费水平的普遍提高，人们对服务方式有了进一步的要求。周到的服务是衡量一个餐饮企业的重要标准，同时也是吸引顾客的一个重要因素。

餐饮服务完整工作流程是综合性的宾馆、商务酒店、大酒店服务必须具备的，也是所有独立式餐饮机构须具备的。只不过根据餐饮机构的规模不同，流程略有差异，或服务的标准各具特点。

一、设计定位

酒店的设计定位就是确定酒店的设计经济标准、使用标准、艺术特征等，餐饮空间设计应该在酒店商业经营准确定位的前提下进行设计定位。设计定位应该在餐饮空间艺术设计前进行，应在充分、全面的调研后，综合考虑并得出科学结论。

(一) 调研内容

1. 设计项目现场调查分析

现场调查分析包括：场地与土建图纸的核对，并且要有详细的检尺；对现场空间及与之相邻的关系要有明确的记录；对现有的设施设备有清楚的了解；对建筑结构进行分析；对现场的环境及采光要做实地检测；对周边地理环境有充分的认识和了解。最后，形成现场调查分析报告。

例如，酒店建筑的现场调查应了解其周边环境、人流量，判断其与城市商业中心的相对位置，还要了解周边的商业环境，感受城市商业餐饮环境的氛围。

2. 业主调查分析

业主调查分析，主要是了解业主所经营的项目、经营理念、设计需求、职业及习惯等。这是做餐厅设计定位的一个重要方面。

例如，某酒店的投资集团经济实力雄厚，具备酒店经营能力，通过对业主的分析以及与业主的沟通，设计师建议业主开设一家豪华的高档酒店。

3. 市场调查分析

企业总是在市场中寻求发展，是否适应市场决定一个企业的成败。因此设计定位必须以市场为依据，只有对市场作深入了解和判断，对市场发展趋势作出准确的预测，设计师才能提出独到的设计理念和设计主题，明确设计该怎样去做。市场调查包括两个方面：一方面，要调查了解同行业的情况；另一方面，要调查了解市场的需求。

例如，通过调查商业餐饮市场，并对某酒店进行分析后，建议业主开设一家豪华、高档的海鲜大酒店。

4. 调查顾客的情感需求

顾客是企业的服务对象，在了解市场、确定设计主题后，还必须进一步分析消费者的情感需求。首先，我们要明确企业所提供的商业服务针对的是哪个消费群体；其次，要了解这个群体的消费层次、喜欢的生活方式以及需要的情感空间等。这样就可以根据人们的心理和社会因素来进行市场分类，从而提炼出具有明确

主题的餐厅空间设计。凡是影响顾客情绪的因素，设计之初都应该考虑到。而且同一消费群体的情感需求也不是单一的，男女老少、兴趣爱好、一年四季、东南西北等都应考虑到。当然，即便是同一人，思想情感也是千变万化的，一个群体的情感更难以把握准确。我们说了解情感，也只能是尽可能地把握大多数人的情感需求。

"顾客是上帝"。顾客与上帝本来是两个不同的概念，心中的上帝是无限神圣和伟大的，把顾客称为上帝，说明顾客在商业竞争中是何等的重要。市场竞争实际上就是争取顾客。顾客越多，经济效益越高。即使是以名贵菜品取胜的酒店，也要尽最大可能地争取顾客。把握住顾客的情感需求，赢得顾客青睐，也就为企业赢得了成功，当然，这也是设计者的成功。因此，把握顾客需求是一家餐厅经营取得成功的关键。

例如，通过对顾客的情感需求调查和对某酒店的分析，对该高档海鲜大酒店定位的欧式风格，进行顾客需求分析，结论为可行。

5. 材料收集与分析

对相关材料的收集有利于设计师把握自己的工作内容和性质，尤其是一些特殊的餐厅空间。资料分析是指设计师对建筑图纸的阅读和掌握图纸的技术数据报告。设计师还应对上述资料进行综合、抽象、概括、归纳，并梳理自己的思路，清楚地了解设计工作的内容和性质。

例如，通过对当地装饰材料市场的调查，可用材料较为齐全。

6. 收集咨询报告

收集咨询报告主要是对一些与设计相关内容的了解，包括公共安全设施的资料情况，消防系统是否完善、交通流向是否合理、照明系统是否规范、暖通系统是否已经建立、卫生设施是否到位，等等。只有掌握了这些情况，才能把设计作品做得更安全、更完善、更合理。

7. 制订设计工作计划

（1）制订设计计划。任何一个设计，都应从制订计划开始着手，制订计划的过程是对整个设计过程的一次

梳理。制订完善周详的计划是推动工作顺利进行的保证，也是设计师成长为项目负责人所必须掌握的技能。在整个设计过程中，专业性的设计工作无疑是工作的主体，设计师的兴趣和精力也大都投入到这部分工作中。但是其他相关方面看似次要，却对设计的成败同样起到关键作用。特别是时间进度，多方面配合，外部审批，人力调配，经济控制等问题。制订设计计划可按设计工作的过程逐一进行。

（2）设计工作的过程。包括：了解项目信息的输入输出，组建团队，具体设计工作，内外协调与沟通，设计审核、修改，提交设计产品。设计所需要的最初信息来自设计合同、招标书（投标项目）、业主设计要求等，特别需要注意的是合同（招标书）中所约定的提交产品的内容、形式、数量、时间和地点。设计工作既是一个创作的过程，也是一个产品生产的过程，不明白客户最终需要什么，是不能设计出好的方案来的。明确了设计输出的内容，再根据工作量组建团队，这个团队至少应包括项目负责人、室内设计师、专业工程师、审核／审定工程师等。明确各自分工之后，要按时间制作进度表。需要注意的是，除了设计本身所需要的工作时间外，不要遗漏专业互提条件的时间、审核／修改的时间以及与预算师、材料市场部等其他部门的配合时间等。另外，制作、装裱、打印装订等这些事务性工作同样会占用不少时间，一定要预先考虑周全。计划中涉及的各部门、各专业人员一定要经过沟通和讨论，明确各自的目标，安排各自的工作。这样形成的计划，经过批准后成为各参与人员开展工作的依据。

（二）餐饮空间设计定位的内容

餐饮空间设计定位的内容包括菜品定位、服务定位、风格定位、标准定位等。创造什么样的环境，服务什么样的客户群，销售什么样的菜品以及价格标准，选择什么样的环境设计风格，这些都需要进行设计定位，只有进行科学的定位，才能进行较为合适的平面设计和空间艺术设计，设计定位具有强烈的经济气息和鲜明的商业环境氛围。

例如，旅游胜地的餐饮服务，主要是针对前来旅游观光的较为复杂的客户群，顾客需求最突出的特点是对当地餐饮特色、特产、旅游文化的特征等方面感兴趣，这样就对餐饮空间设计定位提出了明确的要求，即为顾客提供特色餐饮服务和消除其疲劳感，而设计与之相适应的餐饮活动场所，是设计师的首要任务。

餐饮空间一般应具有良好的就餐环境（图1-1～图1-3）。

图1-1　简洁明快的餐饮空间

图1-2　高档舒适的就餐环境

图 1-3 某酒店楼梯设计营造的温馨氛围

(三) 设计定位必须考虑经营和管理问题

酒店的定位直接影响到酒店的平面功能分区和酒店的平面布置，同时，平面功能分区又直接关系到酒店的顾客使用是否方便和酒店的经营与管理如何。酒店的定位是功能分区前的工作，功能分区设计是进行酒店装饰艺术设计前的工作重点。

设计师要充分考虑餐饮企业经营管理的需求，设计的结果应该能够最大限度地为管理者服务，应在提高效率、减少消耗方面进行精心筹划。

餐饮酒店的设计一方面要考虑程式化的工作流程，另一方面还要借鉴现代的、先进的设计理念，进行设计创新。经营餐饮酒店是众多商业经营行业之一，它必然要符合商业经营所具有的一般规律与特征，餐饮酒店设计要适合餐饮酒店的经营和管理。

(四) 餐饮酒店定位的步骤

（1）收集相关资料和信息，收集行业信息，研究业主提供的建筑图纸、设施设备安装图纸等资料，对项目设计的意向和要求进行综合考虑，给出评定结果。

（2）实地考察项目的场地位置、区域环境及周边条件，掌握第一手资料，进行系统的资源环境和市场条件分析调研等。

（3）查阅当地的地方史志、人物志等资料，结合对文化背景的挖掘，充分运用人文资源，准确恰当地确定酒店的特种设计要素，进一步启发设计思路和创作灵感。

（4）根据业主意图，考虑建筑体量、板块结构、标志性特征等因素，创造性地策划餐饮酒店的风格和功能特色。

（5）综合酒店各方面的要素，整合各种信息资源，制定餐饮酒店整体开发策略和市场目标，明确具体设计任务和要求。

二、餐饮服务及空间序列

(一) 餐饮服务

餐饮服务内容、服务方式直接影响到餐饮机构的空间布局和空间功能设计，各类餐饮服务按空间功能可分为公共餐饮活动空间和餐饮后勤服务空间两部分。

服务方式有点餐制、分餐制、自助餐制等多种形式。

1. 公共餐饮活动空间

公共餐饮活动空间主要有用餐区，用餐区是餐饮空间的主要功能区。它包括餐饮大厅、包房、卫生间、服务用房（桌椅备用间、备餐间）、配套功能区等。配套功能区一般是指餐厅服务的配套设施，包括休息区、酒水吧台、接待服务台、菜品展示或艺术展示区等。

餐饮大厅，一类是相对独立的就餐空间，可具备就餐区、观演区、菜品自助明档区（图1-4）；另一类是综合性的就餐大厅，包括入口门厅功能区、就餐区、观演区、菜品自助明档区。入口门厅功能区包括接待区、大堂经理工作台、休息等候区、菜品展示区、酒水展示区

图 1-4 北京锡华商务酒店

或收银吧台等，一般设计较为华丽，视觉主立面可设计店名和店标（图1-5），还可以设计装饰景区，如喷泉、雕塑等。

图1-5 银河酒店

2. 餐饮后勤服务空间

餐饮后勤服务空间是菜品加工区和管理办公使用的空间。菜品加工区有热菜加工间、冷菜加工间、面食加工间、消毒间、清洗间、备餐间、活鲜养殖区（可设在大厅展示）等，管理办公使用的空间有管理办公间、员工整理间等，这些空间主要供后勤服务保障活动使用。面积按 $0.7 \sim 1.2m^2/$ 座计算，具体可参照附录二"餐饮空间常用设计规范的有关规定"。

（二）餐饮空间序列

1. 入口内外功能区服务

入口外部要留有足够空间用来供车辆停靠或停留，同时应配备门童接待，进行车位停靠的引导（图1-6）。入口内侧应有迎宾员接待、引导等服务应预留的入口空间，为顾客安排就餐前后休息区域、等候区域和观赏区域。

入口内外功能区服务反映了一个酒店的服务标准，优质的服务应从入口区域开始，使顾客能够切实地感受到酒店服务的热情与周到，它也是酒店形象服务的窗口，同时兼有商业餐饮机构的宣传作用。

2. 吧台和候餐区服务

吧台是商业餐饮空间最重要的工作环节，它不仅具

图1-6 东方夏威夷国际商务会馆

有收银、订餐、销售酒水等综合服务的功能，同时还兼有酒店管理的顾客接待的作用，同时在酒店环境设计方面，吧台应该是环境设计的重点以及室内环境设计的中心视点，它是一个企业形象的重要标志（图1-7）。

图1-7 深圳皇冠假日大酒店吧台

候餐区承担着迎接顾客、休息等候用餐的"过渡"区功能，这个区间的设定充分体现了酒店商业服务人性化的一面，也能体现出酒店经营的理念，往往高档的酒店会把这个区域设计得精美别致，富有文化内涵和优美华贵的环境（图1-8），让人难忘，并从中得到消费心理的满足。

候餐区不仅仅设在门厅的入口处，有的在各楼层的餐饮空间也开辟这一区域，为顾客的就餐活动创造休息条件，同时也营造了一个放松、安静、休闲、情趣、观赏、文化的候餐环境。

图 1-8　阿一鲍鱼太原店

3. 用餐功能区服务

用餐功能区是为顾客提供就餐活动的空间环境。这种空间环境大到可以是宴会厅、餐厅，小到可以是小餐厅、大包房、小包房等（图 1-9）。它应该是一个酒店的主要功能分区的建筑环境，应该占据商业餐饮空间建筑环境的最优地段。用餐功能区是所有商业餐饮服务的最终地点，顾客在这一空间中就餐，待的时间最长，所以在这个空间内提供的服务应该是最全面的。

图 1-9　餐厅局部

4. 配套功能区服务

配套功能区的服务是与满足顾客就餐需求密切相关的服务环节。由于商业餐饮空间的建筑环境多数是跨楼层、跨区域的，餐饮服务变得复杂，所以需设置与餐饮活动相配套的、必要的服务空间，包括各楼层服务吧台、酒水展示与存放的展台、库房、各楼层的传菜间及布菜间、各楼层的公共卫生间及包房内设的独立卫生间、各

楼层的公共休息区和观赏区（图 1-10），水平或垂直的交通空间等（图 1-11）。

图 1-10　苏州高级私人会所

图 1-11　合肥品海大酒店楼梯

5. 餐饮后勤办公服务

餐饮后勤办公服务是商业餐饮机构的一个重要部分。它是酒店经营管理的重要后勤保障，前台销售的所有菜品都源于厨房的加工制作，同时还要有餐饮酒店的经营管理部门。餐饮后勤服务的规模和标准决定了酒店前台服务的质量，虽然它所选定的建筑空间不是最好的，但必须要有与前台服务相匹配的建筑面积和相对应的服务环节。

餐饮后勤服务空间的设计要求有以下两点：

（1）餐饮后勤服务区要有独立的对外出入口、独立的内部通道及必要的建筑空间，以保障后勤工作的独立性和隐蔽性。

（2）菜品加工制作区（厨房系列）是加工菜肴的必

要工作环境，包括热菜加工区、冷菜加工区、面食加工区、消毒间、洗涤间、备料间等。菜品加工制作区地面应设计排水系统，便于菜品加工区的卫生清理。

厨房的设计，要根据餐饮部门的种类、规模、菜谱内容的构成来综合确定。它是商业餐饮空间的主要功能区，主要为顾客提供菜品的加工与制作（图1-12）。

图1-12　菜品自助明档区

厨房工艺流程包括：采购食品材料—贮藏—预先处理—烹调—配餐—餐厅上菜—回收餐具—洗涤—预备等。厨房地面不仅要平坦、防滑，而且要容易清扫。地坪留有1∶100的排水坡度和足够的排水沟。适用于厨房地面的装饰材料，有瓷质地砖和不锈钢材料等。墙面装饰材料可以使用瓷砖和不锈钢板。为了清洗方便，厨房最好使用不锈钢材料。厨房顶棚要安装专用排气罩、防潮防雾灯、通风管道以及吊柜等（图1-13）。

图1-13　厨房

国外厨房一般为餐厅面积的40%～60%，一般从取菜到摆上餐桌的服务距离不大于40m。厨房与餐厅尽量同层，且不宜以楼梯踏步相连接。厨房内干、湿、冷、热分开，墙面选用易洁、防水的材料，地面做防水。

厨房的设计因餐厅供应餐饮种类的不同而有所差异。尽管如此，厨房格局的设计仍有一套基本的原则可以遵循。

（1）厨房格局设计必须注意动线的流程，最好能以各项设备来控制员工的行进方向；厨房的进出通道必须分开，以避免员工发生碰撞。

（2）厨房进出货必须有专用通道，并且绝对不能穿过烹饪作业中心区，以免妨碍烹饪工作或发生意外。

（3）厨房应该进行分区设计，例如分为冷食区、热食区、洗涤区等。

（4）应该将空间的充分有效利用作为格局设计的主要参考标准。

（5）厨房的设备与设施都必须考虑到人体工程学，让员工能在最舒适的环境下工作，否则将会影响员工的工作效率，或造成员工因不当操作而产生疲劳感。

空间设计标准参照附录二"餐饮空间常用设计规范的有关规定"。

三、餐饮空间的总体布局

餐饮空间的总体布局是商业餐饮服务产销合一的综合体。它不但有生产菜品的厨房区域、销售菜品的餐厅区域，还要有与之相匹配的服务区域，因此，商业餐饮空间的整体格局的设计要考虑工作的特性及要求，还要考虑到消费顾客的需求。在整体设计空间格局时，应该明确各部分的功能分区，分出顾客消费区、后勤服务区、后勤管理行政区等不同性质的区域，让顾客和服务工作人员能井然有序地在不同区域内完成各自的工作。

（一）空间布局规划

餐饮空间的总体环境布局是通过交通空间、使用空间、工作空间等要素的完美组织所共同创造的一个整体

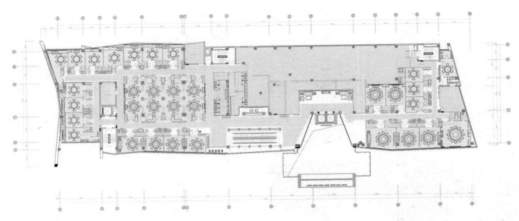

图 1-14　某酒店平面总体布局平面图

（图 1-14）。作为一个整体，餐饮空间设计首先必须合乎接待顾客和顾客使用方便这一基本要求，同时还要追求高标准的艺术设计和造型设计。原则上说，餐饮空间总体平面布局没有一种放诸四海皆准的标准，但是，它确实有不少规律可循，并能根据基本建筑空间布局的规律，创造可行的平面布置格局。

（二）餐饮空间内部设计

餐饮空间内部设计首先由其建筑面积的规模来决定功能设计和艺术设计。由于现代都市人口密集，寸土寸金，因此须对空间作充分的利用和空间的艺术塑造。从生意上着眼，第一件事应考虑每一位顾客利用空间的多少和大厅内场地的利用率多少，如果空间利用率较高就会过于拥挤，利用率较低就会过于宽敞，太挤与太宽均不是最理想的设计，应以顾客使用的舒适度作为设计的标准。同时，平面布局秩序性是餐厅平面设计的一个重要方面。

餐饮空间室内装饰所用的装饰材料建材和服务设备，应有序地加以组合，充分显示材料的质感和造型之美。之所以能够产生不同形式的美感，源于设计的和谐和艺术的加工与处理，通过艺术处理的手段达到最佳的艺术效果。

简单的平面配置会产生一种秩序性，会产生单一的简洁的感觉。这种理念是常用的一种设计方式，它的工作效率会比较高，它的艺术性会较弱。复杂的平面配置会产生出乎想象的空间变化，在平面布局上会很有趣味，但却容易产生空间浪费或布局松散的问题。这种平面设计，添一分则多，减一分嫌少，移去一部分则有失去和谐之感。它应该是高品质餐饮环境追求的设计手段。因此，设计时要适度地把握平面设计秩序的精华所在，要兼顾两者，灵活布局，做到平面效果的艺术性、功能性、使用性兼备，还要充分考虑各种空间组织的合理性。

四、功能分区的原则

餐饮空间功能分区的原则应在平面布局中综合考虑各空间的使用性质、使用要求、使用功能及顾客消费的心理感受，要把重要的、好的朝向的空间用于顾客的餐饮服务，要把建筑的主立面作为餐饮空间的出入口，要把一些次要的空间加以充分利用，为商业餐饮机构创造最佳的经济效益。

设计时要重点考虑以下几个方面：

（1）总体布局时，把入口、前室作为第一空间序列，把大厅、包房雅间作为第二空间序列，把卫生间、厨房及库房作为最后一组空间序列，使其流线清晰，功能上划分明确，减少相互之间的干扰（图 1-15）。

（2）餐饮空间分隔及桌椅组合形式应多样化，以满足不同顾客的要求；同时，空间分隔应有利于保持不同餐区、餐位之间的私密性不受干扰。

（3）餐厅空间应与厨房连接便利，厨房空间应该阻挡顾客视线，厨房及配餐室的声音和气味不能影响到顾客的就餐。

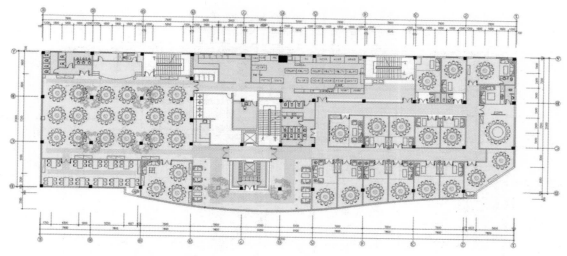

图1-15 巴渝风情老店风味楼平面布局平面图

五、餐饮空间动线设计的原则

(一)餐厅动线安排

动线主要是指顾客、餐厅服务人员及物品在餐厅内的行进方向路线。因此,我们可以将动线区分成顾客动线、服务人员动线及物品动线三种(图1-16)。

1. 顾客动线

顾客进入餐厅后的行进方向应设计成直线向前的方式,以让顾客可以直接顺畅地走到座位上。如果行进路线过于曲折绕道,会令顾客产生不便感,而且也容易造成动线混乱的现象。适宜采用直线,避免迂回绕道,以免产生人流混乱的感觉,影响或干扰顾客进餐的情绪和食欲,通道时刻保持通畅,简单易懂。服务路线不宜过长(最长不超过40m),尽量避免穿越其他用餐空间。大型多功能厅或宴会厅可设置备餐廊。

由此可见,餐厅的通道设计应该流畅、便利、安全,尽可能方便客人。避免顾客动线与服务动线发生冲突,避免重叠,发生矛盾时,应遵循先满足客人的原则。餐厅通道中1个人舒适地走动需要95cm宽,2个人舒适地走动需要135cm,至少要110cm宽,3个人舒适地走动需要180cm宽。

2. 服务人员动线

服务人员的主要工作是将食物端送给顾客。为求最佳的工作效率,餐厅服务区的动线也应该采取直线设计且尽量避免曲折前进,同时还要避开顾客的动线及进出路线,以免与顾客发生碰撞。尤其是服务员上菜的路线,更应该有明显的区隔,以免因为碰撞碗碟翻覆而造成伤害。服务人员动线讲究高效率,否则对工作效率有直接影响,原则上应该越短越好,并且同一方向通道的动线不能太集中,应去除不必要的阻隔和曲折。

3. 物品动线

餐厅物品及食物原料的进出口及动线应与服务人员动线及顾客动线完全区隔开来,以免影响服务人员的工作或打扰顾客的用餐。最好是另辟专用进出口及动线,并以邻近厨房及储存设备为主要设计参考标准,这样一来,不但能节省人力、物力,还可以在最短的时间内将物品和食物原料做最适当的处理。

(二)餐厅与厨房的距离

餐厅与厨房的距离不宜太远,而且同一部门也应该以规划在同一楼层或邻近区域为原则。如果餐厅与厨房的距离太远,容易产生以下不利影响:①食物经过较长距离的端送,容易丧失原有的温度及特殊的香味;②增加服务人员往返的时间,耗损服务人员体力,导致其疲惫而使工作效率降低;③顾客会因为等候太久而产生不悦的情绪反应,进而影响顾客对餐厅的评价;④用餐时间拖长,使餐厅的座位使用率降低。

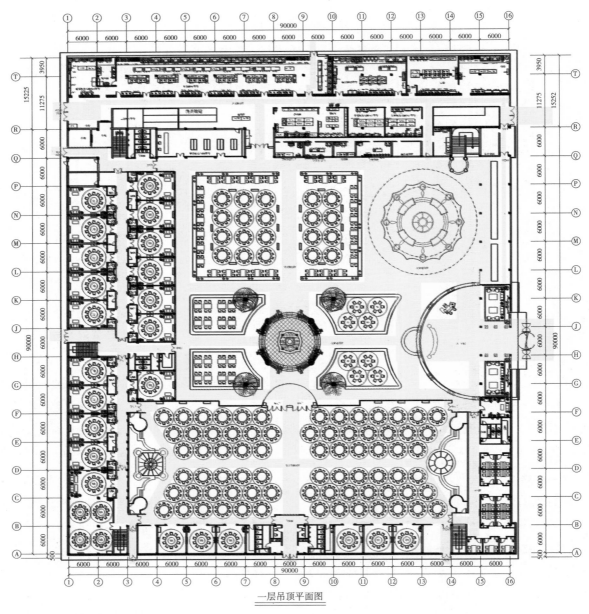

一层吊顶平面图

图 1-16　长春海鲜码头酒楼动线安排平面图

（三）注意卫生与安全设施

餐厅属于公共场所的一种，因此在规划设计时，餐厅的安全与卫生也是重要的考虑因素之一。尤其是聚集了烹调器具及生鲜食品的厨房，不但在设计时要考虑防火及灭火的相关器具及锅炉警示等装置，还要注意排水系统、污水排放系统、垃圾处理及食物冷藏冷冻设备等是否设计安装在适当的位置。此外，服务区的空调系统及灯光设备也应该注意，因为良好的通风和灯光设计不但能为员工提供安全的工作环境，也能让顾客在清新的用餐环境中安心地享用卫生、美味的食品。

六、餐饮空间的面积指标

影响餐饮建筑空间面积的因素有服务的等级、餐厅的等级、餐座形式等。餐饮建筑空间的餐饮部分的规模以面积和用餐座位数为设计指标，随餐饮建筑空间的性质、等级和经营方式不同而异（图 1-17、图 1-18）。餐饮建筑空间的等级越高，餐饮面积指标越大；反之则越小。

图 1-17　某餐厅

图 1-18　苏州金玉良缘餐厅

餐饮建筑空间的使用面积计算指标，一般以 1.85m²/座为基数标准计算，其中，中低档餐厅约 1.5m²/座为基数标准计算，高档餐厅约 2.0m²/座为基数标准计算。分别用不同的基数乘以应服务人数即得出商业餐饮空间的公共消费空间面积值。计算指标过小，会造成使用上的拥挤，对酒店的档次标准有一定的影响；计算指标过大，会造成空间浪费，并增加服务人员的劳动，对酒店的设计经济性有一定的影响。空间设计标准根据设计酒店的档次，可上下浮动，具体可参照附录二"餐饮空间常用设计规范"。

餐饮建筑空间中的餐厅应大、中、小型相结合。大中型餐厅餐座总数约占酒店总餐座数的 70% ~ 80%。小餐厅约占餐座数的 20% ~ 30%。

我国《饮食建筑设计规范》(JGJ 64-89) 规定餐馆建筑分为三级，一级餐馆为接待宴请和零餐的高级餐馆，餐厅座位布置宽畅、环境舒适，设施、设备完善；二级餐馆为接待宴请和零餐的中级餐馆，餐厅座位布置比较舒适，设施、设备比较完善；三级餐馆为以零餐为主的一般餐馆。100 座及 100 座以上的餐馆、食堂中的餐厅与厨房（包括辅助部分）的面积比（简称餐厨比）应符合下列规定：餐馆的餐厨比宜为 1：1.1；食堂餐厨比宜为 1：1。餐馆、饮食店、食堂的餐厅与饮食厅每座最小使用面积应符合表 1-1 的规定。

《餐饮服务食品安全操作规范》第一章总则第六条明确规定：特大型餐馆指加工经营场所使用面积在 3000m² 以上（不含 3000m²），或者就餐座位数在 1000 座以上（不含 1000 座）的餐馆；大型餐馆指加工经营场所使用面积在 500 ~ 3000m²（不含 500m²、含 3000m²），或者就餐座位数在 250 ~ 1000 座（不含 250 座、含 1000 座）的餐馆；中型餐馆指加工经营场所使用面积在 150 ~ 500m²（不含 150m²、含 500m²），或者就餐座位数在 75 ~ 250 座（不含 75 座、含 250 座）的餐馆；小型餐馆指加工经营场所使用面积在 150m² 以下（含 150m²），或者就餐座位数在 75 座以下（含 75 座）的餐馆。

七、餐饮空间的常用尺寸

（1）餐饮空间常用尺寸主要有以下几种：

1）餐厅服务走道的最小宽度为 900mm；可通过空

表 1-1　餐厅与饮食厅每座最小使用面积（m²/座）

等级	餐馆餐厅	饮食店餐厅	食堂餐厅
一	1.30	1.30	1.10
二	1.10	1.10	0.85
三	1.00	—	—

间最小宽度为250mm。

2）餐桌最小宽度为700mm；4人方桌900mm×900mm；4人长桌1200mm×750mm；6人长桌1500mm×750mm；8人长桌2300mm×750mm。

3）圆桌最小直径：1人桌750mm；2人桌850mm；4人桌1050mm；6人桌1200mm；8人桌1500mm。

4）餐桌高720mm；餐椅座面高440～450mm。

5）吧台固定凳高750mm，吧台桌面高1050mm，服务台桌面高900mm，搁脚板高250mm。

（2）桌边到桌边（或墙面）的净距应符合下列规定：

1）仅就餐者通行时，桌边到桌边的净距不应小于1.35m；桌边到内墙面的净距不应小于0.90m。

2）有服务员通行时，桌边到桌边的净距不应小于1.80m；桌边到内墙面的净距不应小于1.35m。

3）有小车通行时，桌边到桌边的净距不应小于2.10m。

4）餐桌采用其他形式和布置方式时，可参照前款规定并根据实际需要确定。

设计可参考附录二"餐饮空间常用设计规范的有关规定"和附录三《饮食建筑设计规范》的规定。

八、餐饮空间功能分区设计实例

（一）工程项目概况（模拟）

在某市一处建筑面积1.2万 m² 的两层建筑内投资开设一家高档的餐饮机构，该建筑一层、二层原始平面图如图1-19、图1-20所示。

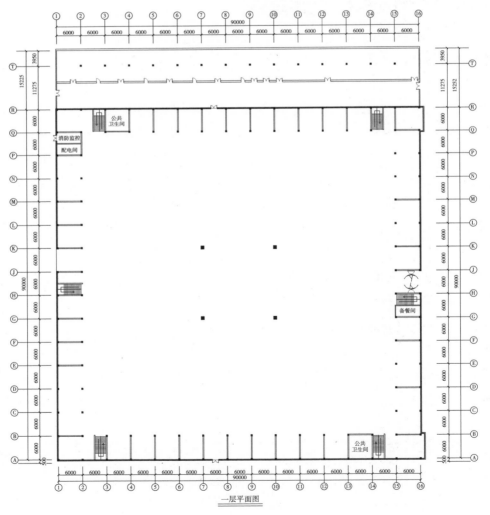

图1-19 建筑一层原始平面图

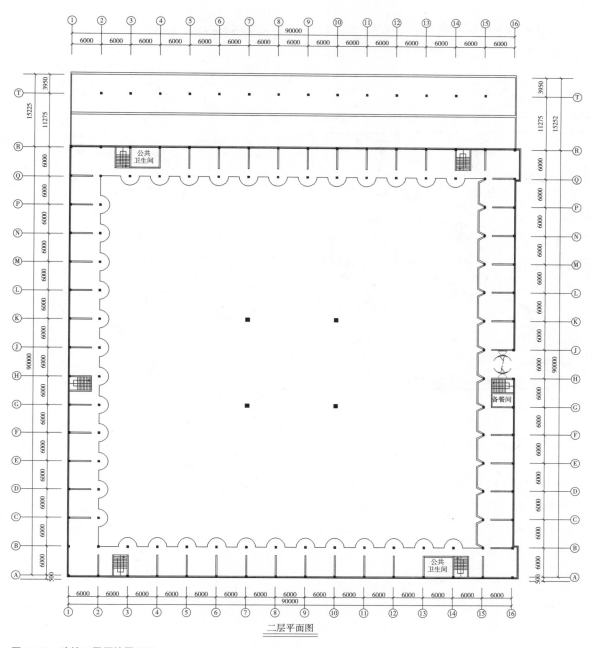

图1-20 建筑二层原始平面图

（二）平面功能分区设计

根据商业餐饮机构经营的需要，首层一般安排门厅、垂直交通空间、散座大堂和厨房。作为高档餐厅，散座被认为是不赢利的空间，只是展现酒店的形象，作为吸引客人的一种手段。

一般的，按照空间使用的档次和私密程度，将最高级别的总统包间放在较高的楼层，将数量众多、人流混杂的中小包间放在二层或底层。

业主特别希望各包间都有备餐间，最好都有独立卫生间。包间设置卫生间宜尽量集中布置，考虑管线的走向和长度以及下水管道对下一层空间吊顶的影响。

根据本酒店餐饮空间建筑及餐饮服务的特点，对餐饮空间服务内容的选定和布置要有全面的考虑，首先要考虑必要的服务及相对应的空间规模，其次要考虑甲方的设计需求，即设计所要达到的目标。初步设计平面功能分区位置设计如图1-21所示。

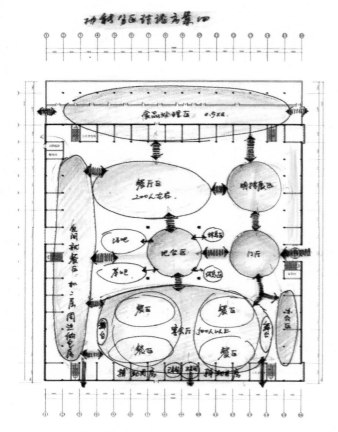

图 1-21 平面功能分区位置设计

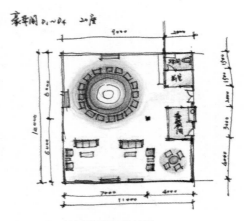

图 1-22 总统包间平面设计图

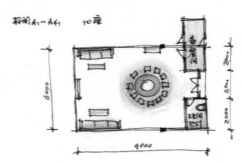

图 1-23 大包房平面设计图

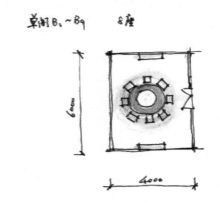

图 1-24 中包房平面设计图

豪华包间的空间布局仔细分析了在总统包间可能进行的各种活动，按照社交、进餐、娱乐、休闲、会谈的功能安排组合，使得每套豪华包间都包括 3 ~ 5 个客人活动区，一个卫生间和相应的备餐间，如图 1-22 所示。

其他包间的面积，考虑菜品的餐具，菜品形式需要较大空间摆放或现场操作。指标定为：大包房 32m² 以上（图 1-23）；中包房 25m² 左右（图 1-24）；小包房 15m²（图 1-25）。经过反复排布，包间内部面积指标基本能够实现，包间的总数达到业主要求的个数。

走廊宽度定在 3m 左右，个别盲端 1.8m，另外，在楼层设一个公共卫生间供没有卫生间的小包间使用。

各楼层还分别设置了收银台和库房，增加了到达二层的食梯和杂货梯，在二层的一侧布置酒楼行政办公用房。

酒店的功能分区手绘设计如图 1-26、图 1-27 所示。

酒店的功能分区设计 CAD 施工图如图 1-28、图 1-29 所示。

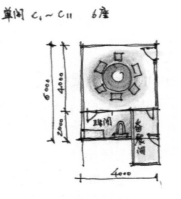

图 1-25 小包房平面设计图

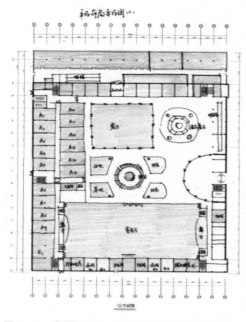

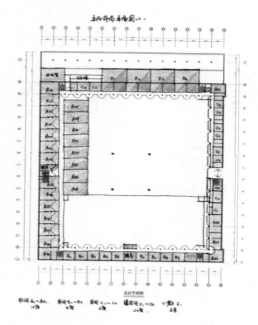

图 1-26　海鲜大酒店一层功能分区手绘平面图　　　　图 1-27　海鲜大酒店二层功能分区手绘平面图

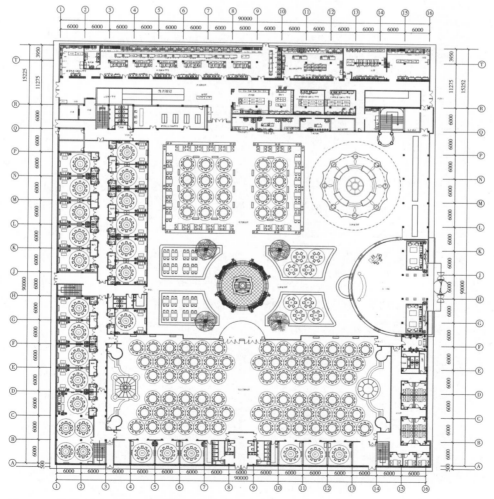

图 1-28　海鲜码头大酒店一层功能分区平面图

015

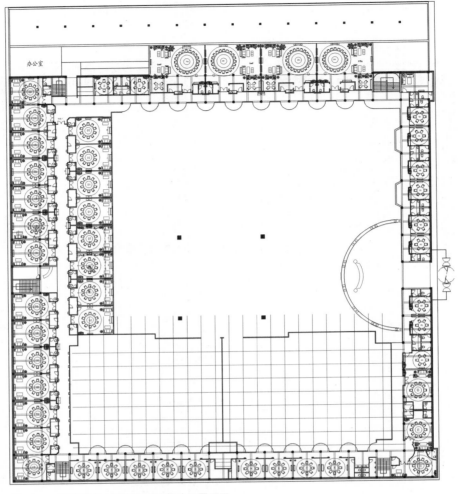

图 1-29　海鲜码头大酒店二层功能分区平面图

　　餐厅设计的功能分析非常重要，要多听取餐厅经营者的意见。散座与包间的安排一定要从经营效果出发，不能一味追求设计效果。服务人流与顾客人流的走向、走道与后勤厨房的贯通程度、是否方便推车环行，这些直接影响着平面布局。

　　水吧的设置要考虑服务员取物的方便，兼顾设计效果。摆满各色酒瓶的水吧不见得令客人欣赏。只有红酒吧之类以展示为主的酒柜才能为环境加分。收银台的设置也不可小觑。如果说上菜时的缓慢还可以令食客勉强忍受，结账时的拖延则只能让人抱怨不已了。如何缩短服务员的往来距离，节省客人时间，就是收银台设置时要考虑的事了。在备餐间中统一配备毛巾消毒柜、餐具消毒柜，有条件的还设置洗碗池用以洗金贵的小餐具。

项目二　餐厅空间的设备布置

实训基础

餐厅空间的设备布置

设备布置是餐厅空间功能分区设计的深化和具体化，首先要考虑基本的空间尺度，设备之间的留有量，交通空间的尺度以及必要的文化、艺术、景观等需要留有的空间；其次要结合酒店其他服务空间的布局，综合考虑功能使用的标准性（即经济性）因素。

餐饮空间平面设计和设备布置，是餐厅空间环境艺术设计的重要方面，秩序良好、整齐流畅的设备布置应该是设计师的首选，通过多样化的区划手段达到既空间有联系又相对独立的设计效果。餐厅的设备一般以就餐的座椅、服务柜台为主，还有与餐厅相适应的其他设备，如电视、音响等。设备之间可以通过交通空间进行区划，也可以通过绿化、构造进行区划。区划的形式可以是规则形式的平面布置，也可以是自由形式的布局，主要目的是为酒店的空间环境艺术设计服务。

一、餐饮与餐饮空间

（一）中餐与餐饮空间

1. 中国餐饮文化发展

中国有着丰富的餐饮文化，其历史古老而悠久，经过几千年的沉淀，形成了自己独具的特色。中国的烹调技术和多样化的美食文化丰富了世界餐饮文化宝库。

无用具的餐饮时期——远古人类从直立行走而开始依靠集体的力量与自然抗争，共同寻觅食物，用采集、狩猎、捕捞等最原始古老的方式来维持生存。那时的餐饮是碰到什么吃什么，吃的是动物的肉，喝的是鸟兽的血，饮的是大自然的生水。

石烹用具的餐饮时期——可追溯到旧石器时代。石烹用具的出现催生了烹饪的方法。人类学会了利用热能进行烹饪，即通过石块能传导热能的原理，烧熟食物，使之更可口，食物的品质由此得到了很大的提高。

陶烹用具的餐饮时期——已过着定居生活的人们，在生活和生产过程中总结了不少经验，他们把土烧成陶器，把陶器当成烹饪的用具，并且对水、火的利用有了突破性的进步。

铜烹用具的餐饮时期——夏、商、周、春秋战国时期。商周时对铜器有突出的发展，考古的大量发现都与

餐饮的用具有关，说明商周时餐饮已有一定的规模。烹饪用具的出现在餐饮史上具有划时代的意义。

铁烹用具的餐饮时期——铁烹用具的餐饮时期比较长，先后经历了秦、汉、三国、两晋、南北朝、隋、唐、五代、宋、辽、金、元、明、清，直到现在。烹饪用具的进步和发展，改变着人们的生活质量和生活方式。

秦汉时期，商业贸易非常频繁、活跃，尤其是丝绸之路的开通，促进了中西方文化的交流。各民族之间的交往使人们的思想更加活跃和开放，经济繁荣、人们生活稳定，旅游业成为当时的时尚，客栈、酒店在秦汉时期出现了多样化的局面。

唐朝是中国封建社会的鼎盛时期，也是餐饮文化繁荣的重要时期，政局稳定、经济繁荣、餐饮文化成就斐然。人们竭尽聪明才智，使餐饮文化生活艺术化，并享受着餐饮带来的文化品位，较为常见的就是歌舞带宴的餐饮文化形式，新的就餐形式和文化——"筵席"就这样在唐朝诞生了。就餐的设施也得到了革新，比如"椅子"使人们告别了以前席地而坐的就餐方式。皇宫的"筵席"更加气派、豪华，皇帝面对左右两厢的大臣们饮宴，还有乐师、歌舞相伴，艺术和文化的交融演绎着餐饮文化更深的内涵，几百人同时就餐的场面，显示了当时餐饮业在经营和管理上都极具规模。

宋朝民间旅游热的兴起和人们大量的流动使街头巷尾出现了零担小吃。人们随时都能买到自己所需的食品，餐饮的方式也更加的大众化，餐饮文化走进了平民百姓的生活。在当时还出现了一系列有特色的专卖餐饮店，如北食店、南食店、羊肉店等。人们对吃的热衷是就餐环境由陆地延伸到了游船，那时的菜品已达200多个，由于餐饮和游山玩水紧密地结合在一起，所以需要一定的时间和空间，就餐的时间也由此延长。流动的就餐形式、美丽的风光和美味的食品使环境与餐饮融为一体，成为当时一道美丽的风景线。

清朝出现了成套的全席餐饮，以燕窝、鱼翅、烧猪、烤鸭四大名菜领衔，创造了被称为"无上上品"的满汉全席，菜品多达180多道，不仅讲究菜的色、香、味，还讲究就餐的环境，每道菜都是一件精美的工艺品。鸦片战争以后，中国沦为半殖民地半封建社会。随着外国列强的入侵，西方餐饮文化也流入中国，中西餐饮文化的融合使餐饮文化得到了新的发展，当时西餐厅、西餐菜随处可见。

电、气为燃料的烹饪时期——在20世纪，人们发明了新的烹饪用具，"电炉"的出现让人们感到生活环境的改善，"微波炉""电磁炉"的发明缩短了烹饪时间，"煤气灶""液化气灶"的出现给人们带来了极大的方便。新的能源改变了人们的生活方式。新中国成立以来，尤其是改革开放以来，由于生产力的快速发展，经济的迅猛增长，人民物质文化生活水平的迅速提高，人们的餐饮观念和就饮食行为发生了迅速的变化。IT产业逐步完成，如餐饮业的管理和互通信息，使人们就餐更加方便、快捷。女性走向社会、人们在外就餐频率的增多和旅游产业的发展都促进餐饮业多元化。

2. 中餐餐饮业概况

20世纪末以来，市场竞争日益激烈，中国的餐饮业进入了史无前例的大发展时期。随着东西方饮食文化的交汇，餐饮市场异彩纷呈，美食节的兴起、菜肴的创新、经营模式的变异、餐饮市场的进一步细化，使得人们能随时、随地、随心、随意地享受美食带来的欢愉；同时，经济实力的增长，传播媒介的积极引导，营销的合理组合，使人们可支配的收入有了大幅度增加，也使得我国餐饮市场的消费潜力不断壮大。总之，我国的餐饮业将走向多元化、地方化和国际化，出现百花齐放、百舸争流的局面。

高星级饭店的餐饮经营突出精品战略，燕鲍翅和高档海鲜层出不穷，在餐厅装修、菜肴出品、服务水平、营销方式等方面精益求精。低星级饭店和经济型酒店则纷纷弱化餐饮功能，只提供有限的餐饮服务，如只提供早餐或只有一个餐厅，突出客房这一核心产品以降低管理费用。社会餐饮蓬勃发展，各种主题餐厅争奇斗艳，满足不同年龄层、不同消费心理、不同消费目的的消费者需求，其中以各类高档餐饮会所最为瞩目；休闲餐饮以酒吧、咖啡厅、茶餐厅和农家乐等形式适应假日消费和休闲消费的需要，越来越受各类消费者喜爱；而随着生活节奏的日益加快，中西式快餐业蓬勃发展，满足大众快节奏生活的需要。

作为餐饮业发展中的一支主力军，中国快餐业的年增长率达20%以上。全社会快餐连锁网点已达近百万家。中式快餐在学习"洋快餐"先进管理模式的基础上，探索和确定自己的发展模式，涌现出如常州的"大娘水饺"、兰州的"马兰拉面"等一批品牌企业。西式快餐值得学习的地方很多，尤其是它的经营管理信条、店景文化和严格的产品质量监控。中式快餐也在变革中求生存，不断改进产品质量、卫生状况、服务态度以塑造品牌。

高档饭店的餐饮经营规模和经营水准，代表了我国目前餐饮界的最高水平，发挥着领导美食潮流、影响餐饮时尚的巨大作用。注重追求文化品位、体现个性魅力、升华美食理念，是高档饭店的共同特点，其菜肴制作赋特色创新于传统经典，款客服务赋超常超值于标准规范，营造气氛赋主题概念于典雅装潢，宣传促销赋承诺回报于消费者。高档餐饮企业设备设施先进，技术力量雄厚，信息来源广泛，形象设计完美，这些明显的行业优势有利于加强地区之间和国家之间的餐饮企业合作。高档饭店餐饮客源市场以社会名流、专家学者、高档商务客人为主。他们在消费的同时也潜移默化地带动了其他领域的经济增长。

与此同时，大众化消费比较稳定，并具备极其丰富的消费潜力。目前，许多中低档餐饮场所已占据了较大比例的市场份额，它们凭借着充足的客源市场、合理的定价策略、整洁宽松的就餐环境、可口卫生的菜肴、优

良快捷的服务、诚实可靠的信誉，走上了良性发展的轨道。中低档餐饮企业在获得最大经济效益的同时，还扮演着向大众传播餐饮文化的角色，让人们了解美食、钟情美食、享受美食。所以，从现在和长远的观念来看，大众永远是餐饮消费市场的主旋律。在目前及今后的餐饮市场中，高、中、低档餐饮企业各具特色、错位经营、和平共处，共同发展。

3. 中餐餐饮空间

中餐对餐饮空间没有特别的要求，中国美食佳肴林立、特色风味不胜枚举，中餐可以存在于各种环境中。各种装修风格的餐饮空间都可以经营中餐（图2-1）。

经营中餐的酒店是餐饮业的主流，90%以上的酒店菜品的经营都是以中餐为主，从结婚庆典或大型的礼仪活动到小范围的朋友聚会，中餐都充当主要角色。

餐饮经营以所处地理位置、建筑规模、建筑装饰、酒店服务的方式决定酒店消费的高低。繁华商业区往往是高档酒店的聚居地，建筑面积是酒店经营规模的重要指标，建筑装饰设计是提升商业经营的重要因素，酒店的服务方式决定了空间的分配和使用。这些都是消费者选择酒店的标准。

富有传统中式装饰风格的酒店一般是外国友人喜爱的消费场所。

图2-2 ~图2-4所示空间为经营中餐的不同风格餐饮空间。

（二）西餐与餐饮空间

1. 西方餐饮文化发展

西方餐饮文化的发展也离不开其经济发展和文化背

图2-1　中餐菜品

图 2-2　苏浙汇——现代装饰材料和样式的中餐厅

图 2-3　涵珍园——中国古代传统样式的室内空间环境

图 2-4　日月潭总统餐厅——后现代欧式风格的中餐厅

景，餐食文化就像一面镜子，折射出不同历史时期人类的文化，自然环境，社会政治和经济关系，反过来，这些因素又促进了餐饮文化的发展。

古埃及的餐饮文化与社会生产、生活和宗教信仰有密切的关系。尼罗河养育了古埃及人民，也创造了灿烂的埃及文化，其中也包括餐饮文化，出土的餐饮用具证

实了餐饮文化在这一时期曾有的辉煌。

繁荣昌盛的古罗马是一个充满传奇的地方，这个有着辉煌历史的欧洲文明古城，在雕刻、戏剧、绘画方面都创造了自己独特的风格。在餐饮文化方面，厨师不再是奴隶，他们地位的提高，对餐饮文化的发展有着不可忽视的推动作用，尤其是面点的制作和创新，一直影响到今天，如意大利的比萨和面条。

在中世纪，由于大英帝国被诺曼底人占领，英国的餐饮文化受到法国餐饮文化的影响，英国单一的烹调方法被打破。1183 年，伦敦出现了第一家餐馆，主要出售海鲜和牛肉类食品。

1650 年，咖啡厅在英国问世，这是"餐"与"饮"分开独立经营的开始。咖啡厅很快得到了英国人的喜爱。

19 ~ 20 世纪，被称为 20 世纪烹饪之父的法国著名厨师奥古斯特·艾斯考菲尔（Auguste Escoffier）在制作欧洲传统菜肴时，首次简化了传统菜的菜品及菜单，对不合理的厨房进行了重新的组织，确立了豪华烹饪法的标准。

1920 年，美国率先开始汽车窗口饮食服务，由此产生了流动餐饮文化。现在，流动餐饮文化成了航空、水运、火车、汽车上的时尚，遍及全世界。餐饮文化逐步渗透到各行各业、各类人群，凡是有人的地方都有餐饮文化。

2. 西餐餐饮空间

西餐大体上分为西欧和东欧两大类。西欧以法国最为著名，此外还有英式、美式、意式等；东欧以捷克、俄罗斯为代表，除了烹饪方法有所不同外，还有服务方式的区别。法式菜是西餐中出类拔萃的菜式。法式服务特别追求高雅的形式，如服务生、厨师的穿戴、服务动作等。此外特别注重客前表演性的服务，法式菜肴制作中有一部分菜需要在客人面前作最后的烹调，其动作优雅、规范，给人以视觉上的享受，通过视觉促进食欲。因操作表演需占用一定空间，所以法式餐厅中餐桌间距较大，同时这也提高了就餐环境的档次。华丽的西餐厅多采用法式设计风格，其特点是装潢华丽，注重餐具、灯光、陈设、音响等的配合，餐厅中注重宁静，突出高雅情调。

西餐追求的不仅是健康合理的饮食搭配，而且享受的是高品质的就餐环境、严谨的服务和富有审美情趣的情调餐厅。如果说中餐是由主人点菜，然后大家分享的话，那么西餐则是自己给自己点菜，这在一定程度上也体现了对个人选择的尊重，吃的氛围虽然没那么热闹，但体现了西方文化中人的独立性。西餐与中餐的餐桌有很大的不同，大多是2人桌、4人桌、6人桌，因此很少有喧嚣热闹的场面，所以西餐厅的环境非常幽雅而富有情调。

西餐厅与中餐厅的厨房有很大的区别。西餐厅的厨房就像一个加工厂，标准的设备，准确的计量，对温度、加工时间的严格控制，一切都是按流程设计。所以西餐的同一菜品有一样的颜色、一样的味道，似乎西方人的味觉也都是一样的。这为西餐的连锁经营提供了可能和方便。

西餐的就餐环境一般为西方国家设计风格的建筑及装饰。

西餐厅在中国一般很少单独存在，它多依托于某大型酒店或大型商业网点。独立的西餐厅多设在繁华城市的中心地段，在餐饮行业中为高端酒店，对商业环境与建筑环境要求较高，以特色、时尚、豪华为特征。

西式餐厅的种类大致有以下几种。

（1）扒房。扒房是酒店里最正规的高级西餐厅，也是反映酒店西餐水平的部门。它的位置、设计、装饰、色彩、灯光、食品、服务等都很讲究。扒房主要供应牛扒、羊扒、猪扒、西餐大菜、特餐，同时还可举办西餐宴会等（图2-5～图2-10）。

图2-6　意式西餐厅室内

图2-7　杭州绿荫阁西餐厅室内

图2-5　法式贵宾餐厅室内

图2-8　德式西餐厅室内

图 2-9　美式西餐厅室内

图 2-10　俄式西餐厅室内

知识链接

西菜之首——法式大餐

法国人一向以善于吃并精于吃而闻名，法式大餐至今仍名列世界西菜之首。

法式菜肴的特点是：选料广泛（如蜗牛、鹅肝都是法式菜肴中的美味），加工精细，烹调考究，滋味有浓有淡，花色品种多；法式菜还比较讲究吃半熟或生

食，如牛排、羊腿以半熟鲜嫩为特点，海味的蚝也可生吃，烧野鸭一般有六成熟即可食用等；法式菜肴重视调味，调味品种类多样。用酒来调味，什么样的菜选用什么酒都有严格的规定，如清汤用葡萄酒，海味品用白兰地酒，甜品用各式甜酒或白兰地等；法国菜和奶酪，品种多样。法国人十分喜爱吃奶酪、水果和各种新鲜蔬菜。

法式菜肴的名菜有：马赛鱼羹、鹅肝排、巴黎龙虾、红酒山鸡、沙福罗鸡、鸡肝牛排等。

西菜始祖——意式大餐

在罗马帝国时代，意大利曾是欧洲政治、经济、文化的中心，虽然后来意大利落后了，但就西餐烹饪来讲，意大利却是始祖，可以与法国、英国媲美。

意式菜肴的特点是：原汁原味，以味浓著称。烹调注重炸、熏等，以炒、煎、炸、烩等方法见长。

意大利人喜爱面食，做法吃法甚多。其制作面条有独到之处，各种形状、颜色、味道的面条至少有几十种，如字母形、贝壳形、实心面条、通心面条等。意大利人还喜食意式馄饨、意式饺子等。

意式菜肴的名菜有：通心粉素菜汤、焗馄饨、奶酪局通心粉、肉末通心粉、比萨等。

简洁与礼仪并重——英式西餐

英国的饮食烹饪，有家庭美肴之称。英式菜肴的特点是：油少、清淡，调味时较少用酒，调味品大都放在餐台上由客人自己选用。烹调讲究鲜嫩，口味清淡，选料注重海鲜及各式蔬菜，菜量要求少而精。英式菜肴的烹调方法多以蒸、煮、烧、熏、炸见长。英式菜肴的名菜有：鸡丁沙拉、烤大虾苏夫力、薯烩羊肉、烤羊马鞍、冬至布丁、明治排等。

啤酒、自助——德式菜肴

德国人对饮食并不讲究，喜吃水果、奶酪、香肠、酸菜、土豆等，不求浮华只求实惠营养，首先发明自助快餐。德国人喜喝啤酒，每年的慕尼黑啤酒节大约要消耗掉 100 万 L 啤酒。

营养快捷——美式菜肴

美国菜是在英国菜的基础上发展起来的，继承了英

式菜简单、清淡的特点，口味咸中带甜。美国人一般对辣味不感兴趣，喜欢铁扒类的菜肴，常用水果作为配料与菜肴一起烹制，如菠萝焗火腿、菜果烤鸭。喜欢吃各种新鲜蔬菜和各式水果。美国人对饮食要求并不高，只要营养、快捷。

美式菜肴的名菜有：烤火鸡、橘子烧野鸭、美式牛扒、苹果沙拉、糖酱煎饼等。

西菜经典——俄式大餐

沙皇俄国时代的上层人士非常崇拜法国，贵族不仅以讲法语为荣，而且饮食和烹饪技术也主要学习法国。但经过多年的演变，特别是俄国地带，食物讲究热量高的品种，逐渐形成了自己的烹调特色。俄国人喜食热食，爱吃鱼肉、肉末、鸡蛋和蔬菜制成的小包子和肉饼等，各式小吃颇有盛名。

俄式菜肴口味较重，喜欢用油，制作方法较为简单。口味以酸、甜、辣、咸为主，酸黄瓜、酸白菜往往是饭店或家庭餐桌上的必备食品。烹调方法以烤、熏腌为特色。俄式菜肴在西餐中影响较大，一些地处寒带的北欧国家和中欧南斯拉夫民族人们日常生活习惯与俄罗斯人相似，大多喜欢腌制的各种鱼肉、熏肉、香肠、火腿以及酸菜、酸黄瓜等。

俄式菜肴的名菜有：什锦冷盘、鱼子酱、酸黄瓜汤、冷苹果汤、鱼肉包子、黄油鸡卷等。哈尔滨由于历史的原因，目前尚保存有正宗的俄式西餐。

（2）咖啡厅。咖啡厅是酒店必须设立的一种方便宾客的餐厅。根据不同的设计形式，有的叫咖啡间、咖啡廊等，供应以西餐为主，在我国也可加进一点中式小吃，如粉、面、粥等。通常是客人即来即食，供应一定要快捷，使客人感到很方便。菜单除了有常年供应品种外，还要有每日的特餐，供应品种可以少点，但质量要求要高。客人可以在这里吃正式西餐，也可以只饮咖啡、吃冷饮，随客人自便。咖啡厅营业时间较长，一般从早晨6：00到深夜1：00。价格相对较便宜，但营业额却很大（图2-11）。

咖啡厅源于西方饮食文化，因此，设计形式上更多追求欧化风格，充分体现其古典、醇厚的性格。现代很

图2-11　饭素西餐咖啡厅设计

多咖啡厅通过简洁的装修、淡雅的色彩、各类装饰摆设等，来增加店内的轻松、舒适感。咖啡厅是提供咖啡、饮料、茶水，半公开的交际活动场所。

（3）酒吧。酒吧是专供客人饮酒小憩的地方，装修、家具设施一定要讲究，因它也是反映酒店水平的场所，通常设在大堂附近。酒吧柜里陈列的各种酒水一定要充足，名酒、美酒要摆得琳琅满目，显得豪华、丰富（图2-12）。调酒和服务都要非常讲究，充分显示酒店水平。

酒吧是"Bar"的音译词。酒吧的种类很多，主要可以分为在饭店内经营和独立经营的两大类酒吧，它们都是人们必不可少的公共休闲空间。酒吧是人们亲密交流、沟通的社交场所，在空间处理上宜把大空间分成多个尺度较小的空间，以适应不同层次的需要（图2-13）。

酒吧是夜生活的场所，大多数消费者是为了追求一种自由惬意的时尚消费形式，给忙碌的一天画上精彩的休止符。如今"泡吧"成为年轻人业余时间一项重要的消遣和社交活动。各色酒吧比比皆是，成了城市生活的平常去处，已不再有太多的神秘色彩。酒吧的装饰风格可体现很强的主题性和个性，或古怪离奇的原始热带风情装饰手法，或体现某历史阶段的故事、环境的怀旧情调装饰手法，或以某一主题为目的，综合运用壁画、陈设及各种道具等手段带有主题性色彩的装饰（图2-14）。

图 2-12　酒吧室内设计一

图 2-13　酒吧室内设计二

图 2-14　粉酷酒吧区

（三）快餐与餐饮空间

1. 快餐餐饮的发展

随着社会经济发展和人民生活水平的不断提高，人们的餐饮消费观念逐步改变，外出就餐更趋经常化和理性化，选择性增强，对消费质量要求不断提高，更加追求品牌质量、品位特色、卫生安全、营养健康和简便快捷。快餐的社会需求随之不断扩大，市场消费大众性和基本需求性特点表现得更加充分。现代快餐的操作标准化、配送工厂化、连锁规模化和管理科学化的理念，经过从探讨到实践的深化过程，目前已广为人们所接受和认同，并从快餐业扩展到餐饮业，成为我国餐饮现代化的重要发展目标与方向。快餐作为我国餐饮行业的生力军和现代餐饮的先锋军，成为现代餐饮发展的重要代表力量，对餐饮行业的推动与带动作用不断突出，为社会和行业发展做出了积极的贡献。

从近年我国快餐业的发展看，快餐需求走向多样化，快餐企业经营空间不断拓宽，外延日趋扩大，服务领域更加宽广：①快餐连锁店持续发展，店态风格更加丰富，连锁经营稳步推进；②团体供餐异军突起，专业公司不断发展壮大，成为市场新的亮点；③各地早餐工程纷纷启动，一批快餐连锁企业担当主力，迅速崛起；④送餐和外卖发展势头强劲，市场需求不断增强，前景广阔；⑤快餐食品加工发展速度加快，积极开拓面向家庭的需求服务，受到欢迎；⑥快餐的休闲、便餐色彩有所强化，企业开拓创新与延伸经营力度加强，显示出我国快餐业发展的生机与活力。

随着行业规模扩大和企业实力的增强，快餐业的产业化进程迈出新的步伐，为快餐企业的发展奠定了基础保证。主要表现在：快餐企业的原料采购、种植养殖基地和配餐配送中心建设增多，连接农业生产、物流流通和工厂化生产加工与配送能力增强；与相关的设备开发和生产供应厂商的合作更加普遍，专项技术设备开发深入推进；企业与教育院校的联合已经启动，在院校定向委托与培养专业人才取得初步成效；专业咨询和培训机构的服务能力和力度加强；企业通过资本运营为纽带，实施企业并购重组和资源整合开始起步；快餐的理论研究不断进步，书籍出版取得新的成果；行业组织的建立为行业服务平台建设创造了有利条件。

2. 快餐餐饮空间

目前的快餐有西式快餐、中式快餐和特色快餐，西式快餐有烤肉、肯德基、麦当劳、比萨、加州牛肉面等；中式快餐有各种饺子店、砂锅、火锅、各种快餐店。快餐店最具规模的应为各大商业点商场内的快餐店，经营各地小吃。

烤肉这种菜品以西方烤肉为时尚，是西式快餐的一种，一般以自助就餐为主，由于经济实惠，深受人们喜爱。餐具为西餐餐具，环境有异国风情（图2-15）。

快餐店一般选择人流繁华或大众消费的街区。快餐

图2-15 汉斯烤肉餐厅室内设计

厅的规模一般不大，菜肴品种较为简单，多为大众化的中低档菜品，并且多以标准分量的形式提供。

快餐店的设计应注意销售过程这个环节要快而简洁，避免不必要的人流重复。快餐厅的室内环境设计应该以简洁明快、轻松活泼为宜（图2-16）。其平面布局的好坏直接影响服务效率的高低，应注意划分出动区与静区，在顾客自助式服务区避免出现通行不畅、互相碰撞的现象（图2-17）。

快餐厅的灯光应以荧光灯为主，明亮的光线会加快顾客的用餐速度；空间色彩应该鲜明亮丽，诱人食欲；背景音乐选择轻松活泼、动感较强的乐曲或流行音乐。

（四）日餐、韩餐与餐饮空间

图2-18～图2-21所示空间为经营日餐的餐饮空间。

图 2-16　现代装饰快餐厅

图 2-17　"东方饺子王"旗舰店的室内设计

图 2-18　怀石料理日餐厅室内设计

图 2-19　茶会料理日餐厅室内设计

图2-20　卓袱料理日餐厅室内设计

图2-21　浅草四季料理走廊设计

知识链接

怀石料理——在日本菜系中，最早、最正统的烹调系统是距今约450多年的"怀石料理"，被誉为日本烹调技术的精华。特点是烹制方法上沿袭古代的程序，尽量保持原料本身的味道，原料以鱼和蔬菜为主。一般是煎茶之前的用膳，为了不影响品茶的乐趣，料理的味道和用料分量十分讲究。此外，怀石料理讲究环境的幽静雅致。

茶会料理——室町时代（14世纪）盛行茶道，于是出现了茶宴"茶会料理"。初开始，茶会料理只是茶道的点缀，十分简单。到了室町末期，变得非常豪华奢侈。其后，茶道创始人千利休又恢复了茶会料理原来清淡素朴的面目。茶会料理尽量在场地和人工方面节约，主食只用三器——饭碗、汤碗和小碟子。中间还有汤、梅

干、水果，有时还会送上两三味山珍海味，最后是茶。

卓袱料理——这种料理是起源于中国古代佛门素食，由隐元禅师作为"普茶料理"（即以茶代酒的料理）加以发扬。由于盛行于长崎，故又称"长崎料理"。料理师在佛门素食内采用了当地产的水产肉类，便创立了"卓袱料理"。"卓袱料理"菜式中主要有：鱼翅清汤、茶、大盘、中盘、小菜、炖品、年糕小豆汤和水果。小菜又分为五菜、七菜、九菜，以七菜居多。一开始就先把小菜全部放在桌子上，一边进食，一边将鱼翅清汤及其他菜肴摆上桌。

本膳料理——属红白喜事所用的仪式料理。一般分三菜一汤、五菜二汤、七菜三汤。烹调时注重色、香、味的调和。亦会做成一定图形，以示吉利。用膳时也讲究规矩，例如：用左手拿着左边的碗，用右手把盖放左边。反之，则用右手揭盖。先用双手捧起饭碗，放下右手，右手拿筷。每吃两口饭，就要放一下碗，然后双手捧起汤碗，喝两口汤，再放下碗。之后一样方式，吃两口饭再夹一次菜。

韩餐是以韩国特色食品为代表的一种美食，一般是以时尚餐厅的一种形式出现，受时尚的年轻的消费者的喜爱。韩国饮食包括每天重复的日常饮食和一生中必须经历的举行仪式时摆的食品等。同时也随季节的不同，利用当时的食物做季节美食。韩国的季节美食风俗是智慧的人们为了协调人与自然而形成的，在营养上也很科学（图2-22）。

（五）海鲜与餐饮空间

经营海鲜的酒店一般都是高档的豪华酒店，由于

图2-22　爱江山韩国料理餐厅室内设计

海鲜菜品原料较贵，水产品储存保鲜设备要多于其他菜品，所以这种酒店一般选在较为繁华地段，建筑使用规模较大，酒店的建筑独立、经营独立的较多。菜品以海鲜为主，带中餐的菜品（图2-23）。

图2-23　海鲜码头大厅设计

（六）自助餐与餐饮空间

自助餐是一种由宾客自行挑选、自由拿取或自烹自食的一种就餐形式。它的特点是客人可以自我服务，菜肴不用服务员传递和分配。自助餐是一种较大众的经济型的就餐形式，以就餐座位数为固定单价，高档自助餐应包含高、中、低档菜品和面点，各种饮料免费，酒水计费，就餐环境简洁、时尚、豪华（图2-24）。

自助餐有西式、中式，现在，许多地方还出现了一种叫做海鲜火锅自助餐的餐厅。

自助餐厅的形式灵活、自由、随意，亲手烹调的过程充满了乐趣，顾客能共同参与并获得心理上的满足，因此受到消费者的喜爱。

（七）火锅与餐饮空间

火锅历史悠久，大约有一万多年的历史。最早的火锅是鼎（陶制），当时人们把这一大锅的食物叫"羹"；西周时奴隶主享用的是青铜火锅；三国时期有"五熟釜"；南北朝时期的"铜鼎"成为现代火锅的原型；汉代火锅则是龙把铁鼎；唐时则多用唐三彩火锅；宋有瓜瓣兽耳铸铜火锅；明有香炉型银底锡火锅；清有粉彩牧羊图瓷火锅和莲钮银底锡火锅；到现今的"鸳鸯锅"，火锅的种类丰富多彩（图2-25、图2-26）。

经营火锅有两种形式：一是分食火锅，二是隔味火锅。这两种形式的火锅均是按照食者的不同需求而设计安排的，可以满足不同的需求。吃火锅是人们享受食品由生到熟、自己加工的一种就餐过程，所以火锅餐厅的设计不仅要考虑人流的合理性外，还有对其火锅的特点有一定的了解，地面防滑的处理、油烟的排放设施、除油通道的设置……这些都必须满足其使用功能的要求，了解这些有利于我们设计工作的开展。

（八）饮品吧与餐饮空间

饮品经营分为中式和西式两种。中式以茶文化为主，

图2-24　银河酒店自助餐厅设计

图 2-25　醉乡火锅室内设计

图 2-27　和静园茶人会馆包间

图 2-26　成都谭鱼头曼哈顿店室内设计

图 2-28　名典相约咖啡语茶

西式的以酒吧、咖啡为主要经营内容。环境幽雅或时尚，配以灯光音乐突出环境氛围，一般是时尚青年的最爱。

　　茶是全世界广泛饮用的饮品，种类繁多，具有保健功效，各类茶馆、茶室成为人们休闲会友的好去处。茶室的装饰布置以突出古朴的格调、清远宁静的氛围为主。目前茶室以中式（图 2-27）与和式（图 2-28）风格的装饰布置为多。

二、餐饮空间种类

（一）宴会厅餐饮空间

　　宴会厅的使用功能主要是婚礼宴会、纪念宴会、新年、圣诞晚会、团聚宴会，乃至国宴、商务宴等。宴会

厅的装饰设计应体现出庄重、热烈、高贵的品质。在宴会厅的宴请活动应具有一定规格，宴会厅多采用坐式就餐式，一般事先排定座位，定时举行。

　　大型的宴会厅餐饮空间是星级宾馆或大酒店必备的服务空间，因为服务人数很多，平面布局很重要。宴会厅应具备举办大型酒会的条件和设施，如舞台、就餐区、观演区和辅助用房。我国的人民大会堂是世界上最大的宴会厅之一。

　　宴会厅满座人数一般为 200 ~ 500 人，也有一些特大型的宴会厅满座人数可达千人。宴会厅的最大特点是室内空间较大，所以可将宴会厅临时分隔，使之兼有礼仪、会议、报告厅等功能。宴会厅室内设计应特别注重功能分区和流线组织，设计中应首先考虑设置灵活隔断，以提高其使用率（图 2-29）。

图 2-29　香格里拉酒店宴会厅

图 2-31　日月潭大酒店总统间

中型的宴会厅餐饮空间是一般酒店具备的使用空间，服务人数有一定限制，具备举办中型酒会的条件和设施，多服务于中型会议、中型婚宴、中型庆典或非集会型酒店服务等（图 2-30）。这类空间除了加强环境气氛的营造之外，还要进行功能分区、流线组织以及一定的围合处理。

图 2-30　华旗饭店宴会厅

小型餐厅或包间也可当作宴会厅的一种，如果按宴会的标准设计，就是较为高级的空间，是为小型的宴会设计的。这类商业餐饮空间服务人数很少，规格很高，一般定为豪华间或总统间（图 2-31）。这类空间功能齐全，主要着重于室内气氛的营造。

为了适应不同的使用需求，宴会厅常设计成可分隔的空间，需要时可利用活动隔断分隔成几个小厅。入口处应设接待处，厅内可设固定或活动的小舞台。宴会厅的净高为：小宴会厅 2.7 ～ 3.5m，大宴会厅 5m 以上。

宴会前厅或宴会门厅，是宴会前的活动场所，此处

设衣帽间、电话、休息椅、卫生间（兼化妆间）。宴会厅前厅面积为宴会厅面积的 1/6 ～ 1/3。宴会厅桌椅布置以圆桌、方桌为主。椅子选型应易于叠落收藏。宴会厅应设贮藏间，以便于桌椅布置形式的灵活变动。

当宴会厅的门厅与住宿客人用的大堂合用时，应考虑设计合适的空间形象标志，以便在门厅能够把参加宴会的来宾迅速引导至宴会厅。宴会厅的客人流线与服务流线尽量公开。

（二）餐厅餐饮空间

餐饮大厅是所有酒店必备的服务空间，是酒店大众消费的服务空间，一般设在较为开放的空间，如一层靠近入口处。有的酒店设大厅菜品打折或其他优惠招徕顾客。一层大厅繁杂的人群有助于提升酒店的人气，除受建筑条件限制，一般是设计的首选（图 2-32）。

图 2-32　合德福酒楼餐厅

设在一层的餐饮大厅可以设明档或自助菜品区，例如菜品展示区、酒水展示区、收银吧台、接待休息区等。入口设计较为华丽，视觉主立面可设计店名和店标，一般分设迎宾台、顾客休息区、餐厅菜品展示区等，还可以设计装饰景区，如喷泉、雕塑等。这类商业餐饮空间服务较为单一，无观演区，有服务台或吧台。

餐饮大包间是小型的餐厅，餐饮标准包间主要是经营传统的高、中、低档次的最小服务空间，适于小型就餐活动、家庭团聚、宴请活动等（图2-33）。

图2-33　大董餐厅

特色餐厅有以下几种类型。

（1）风味餐厅：这是一种专门制作一些富有地方特色菜式的食品餐厅。这些餐厅在取名上也颇具地方特色（图2-34）。

图2-34　重庆巴渝老院老店风味楼餐厅

风味餐厅主要通过提供独特风味的菜品或独特烹调方法的菜品来满足顾客的需要。风味餐厅种类繁多，充分体现了饮食文化的博大精深。风味餐厅最突出的特点是具有地方性及民族性。具体来说，其特点有明显的地域性，强调菜品的正宗和口味的地道、纯正；以某一类特定风味的菜品来吸引目标顾客，餐具种类简单有限。

风味餐厅在设计上，从空间布局、家具设施到装饰词汇应洋溢着与风味特色相协调的文化内涵。在表现上，要求精细与精致，整个环境的品质要与它的特别服务相协调，要创造一个令人感到情调别致、环境精致、轻松和谐的空间，使宾客们在优雅的气氛中愉快用餐，同时享受美味与品位。还应根据风味餐厅的不同类型，设置不同的功能区域。

风味本身是餐饮内容和形式的一种提炼，有其自身的特殊性，因此风味餐厅注入高级品位是餐饮业走入档次消费极端化的一种趋势。随着消费市场结构的变化和不同消费层次距离的拉大，高级品位和特殊风味的融合日益受到市场的重视。

（2）海鲜餐厅：这是以鲜活海鲜、河鲜产品为主要原料烹制食品的餐厅。

（3）古典餐厅：这类餐厅无论从装饰，服务人员服饰、服务方式，到所供应的菜点，均为古典风格。而且它的古典风格往往还具有某一时代的典型特点，如唐代、宋代或明代、清代等（图2-35）。

图2-35　凰庭餐厅

（4）烧烤厅：专门供应各式烧烤。这类餐厅内也都设有排烟设备，在每个烤炉上方即有一个吸风罩，保证烧烤时的油烟焦糊味不致散播开来。烧烤炉是根据不同

图 2-36　某旋转餐厅

的烧烤品种而异，有的是专门的炉，有的是组合于桌内的桌炉。服务也有其自身的特点。

（5）旋转餐厅：这是一种建在高层酒店顶楼一层的观景餐厅。一般提供自助餐，但也有点菜的或只喝饮料吃点心的。旋转餐厅一般 1 个小时至 1 小时 20 分钟左右旋转一周，客人就餐时可以欣赏窗外的景色（图 2-36）。

（三）日式餐厅餐饮空间

日式餐厅的餐饮空间装修风格的特点是淡雅、简洁、典雅而又富有禅意，一般采用清晰的线条，室内的布置给人以优雅、清洁感和较强的几何立体（图 2-37）。日式家具风格在我国可谓是大行其道。

图 2-37　某日式餐厅

（四）酒吧、咖啡厅餐饮空间

1. 酒吧

酒吧在功能区域上主要有坐席区（含少量站席）、吧台区、化妆室、音响、厨房等几个部分，少量办公室

和卫生间也是必要的。一般每席 1.3 ~ 1.7m²/座，通道为 750 ~ 1300mm，酒吧台宽度为 500 ~ 750mm。可视其规模设置酒水贮藏库。

酒吧台往往是酒吧空间中的组织者和视觉中心，设计上可将其予以重点考虑（图 2-38）。酒吧台侧面因与人体接触，宜采用木质或软包材料，台面材料需光滑、易于清洁。

图 2-38　某法式酒吧室内

酒吧的装饰常带有强烈的主题性色彩，以突出某一主题为目的，个性鲜明，综合运用各种造型手段，对消费者有刺激性和吸引力，容易激起消费者的热情。作为一种时尚性的营销策略，它通常几年便要更换装饰手法，以保证持久的吸引力。酒吧的装饰应突出其浪漫、温馨的休闲气氛和感性空间的特征。因此，应在和谐的

基础上大胆开拓思路，寻求新颖的形式。酒吧的空间处理应轻松随意，比如，可以处理成异形或自由弧形空间（图2-39）。

图2-39　某咖啡厅室内

2. 咖啡厅

咖啡厅主要是为客人提供咖啡、茶水、饮料的休闲和交际场所，其空间处理应尽量使人感到亲切、放松。它讲究轻松的气氛、洁净的环境，适合少数人会友、晤谈。咖啡厅事平面布局比较简明，内部空间以通透为主，一般都设置成一个较大的空间，厅内有很好的交通流线，留足够的服务通道，座位布置比较灵活，有的以不同高度的轻质隔断对空间进行二次划分，对地面和顶棚加以高差变化。咖啡厅源于西方餐饮文化，因此在空间设计风格上多采用欧式风格，厅内须设热饮准备间和洗涤间，常用直径550～600mm圆桌或边长600～700mm方桌（图2-40）。

图2-40　山多士咖啡

（五）主题概念餐厅餐饮空间

概念餐厅是一种较时尚的餐饮设计、个性化很强的空间设计，是一种艺术性与新设计理念兼备的空间设计（图2-41）。这类空间的面积一般是中小型商业餐饮建筑空间设计的首选，可凭借独特性的设计填补使用空间的不足造成的经济效益的不足，通过设计营造出的独特空间氛围提升了空间品位，达到商业消费的最终目的（图2-42）。

图2-41　某概念餐厅

图2-42　茉莉花国际商务酒店

绿色主题餐饮空间是以绿色、环保为主题的餐厅。这类餐厅很少，但很多消费者对其充满渴望，希望在一

个绿色生态的休息环境中，享受闲适生活、享受美食。快节奏的生活不仅带给人们身体上的伤害，还给心理造成负担，而在生态餐饮场所品味优质的养生菜肴，得到心灵的放松与休憩，是人们期待的（图2-43）。

图2-44 赛琳娜自助餐

图2-43 龙槐村酒楼

（六）自助餐饮空间

自助餐厅的设计应注意平面功能布局的合理性，应布置专门存放盘碟等餐具的自助服务台区，熟食陈列区，半成品食物陈列区，甜点、水果和饮料陈列区，方便客人根据需要分类拿取（图2-44）。一般是在餐厅中间或两侧设置大餐台，餐台有主菜区，有冷食区、热食区、甜食区和饮料、水果区等区域。

自助餐厅的设计必须有明确的人流路线，主通道和副通道要合理安排，自助区要方便客人取菜，同时要有很好的视觉效果。因为自助餐往往是从加工、生产到销售都在同一个空间内完成，所以空间一定要有合理的规划，才能最大限度地发挥其使用功能。设计还要充分考虑人的行动条件和行为规律，让人操作方便，并要激发消费者参与自助用餐的动机；要有较大的通道，让宾客有迂回的余地，周围有若干餐桌。大餐台台面有木材或大理石制，桌椅的设置一般以普通坐席为主，根据需要也可考虑柜台式席位（图2-45）。

图2-45 金都假日饭店自助厅

自助餐厅内部空间处理应简洁明亮、开敞通透。内部空间设计应多采用开敞和半开敞的分布格局进行就餐区域布置，自助餐厅的通道应比其他类型的餐厅通道宽一些，便于人流及时疏散，以加快食物流通和就餐速度。

（七）火锅餐饮空间

火锅厅是专门供应各式火锅的餐饮空间（图2-46），此类餐厅的设备很讲究，安排有排烟管道，条件好的地方备有空调，一年四季都能不受天气影响品尝火锅。火

图2-46　阿林鼎满香

锅厅内一般火锅品种式样较多，供客人挑选。服务也有一套专门的程序，比如上料添火等，有专门的讲究。

火锅、烧烤店用的餐桌多为4人桌或6人桌，由于中间放炉灶，这样的用餐半径比较合理。如2人桌，需用的设备完全相同，其使用的效率就会降低。因受排烟管道等限制，桌子多数是固定的，不能移来移去进行拼接，所以设计时必须考虑好桌子的分布和大桌、小桌的设置比例。火锅及烧烤用的餐桌桌面材料要耐热、耐燃、还要易于清扫。另外，烧烤火锅店在设计上需要特别注意的是排烟问题，应安排有排烟管道，每张桌子上空都应有吸风罩，保证烧烤时的油烟焦糊味不散播开来（图2-47）。

图2-47　成都谭鱼头曼哈顿店

烧烤和火锅都是近年来风行全国的餐饮形式。火锅和烧烤的共同特点是在餐桌中间设置炉灶，涮是在灶上放汤锅，烤则是在灶上放铁板或铁网，二者的共同之处是大家可以围桌自炊自食。

三、空间布置

（一）宴会厅格局的设计

设在高档宾馆饭店内的宴会厅，一般作为大规模的餐饮和礼仪场所。宴会厅的主要活动一般具有喜庆色彩，而且人数较多，因此视觉效果应着力渲染喜庆气氛。

宴会厅的出入口要独立设置，有条件的可设计过渡空间或接待厅，要满足就餐人员就餐前的一切活动，如等待休息区、餐前活动交流区、展示区等。宴会厅一般设置在建筑空间的一层，便于出入。宴会厅的人流与客服人流要有区分，确保通畅，避免路线过长或交叉，要有家具仓储间存储足量的桌椅以备使用（图2-48）。

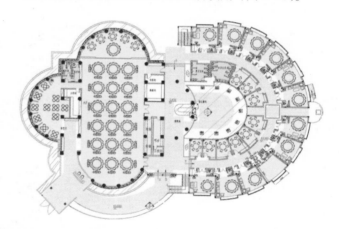

图2-48　珍宝明珠园林食府平面布局平面图

宴会厅格局的设计主要受到经费预算、面积大小、餐厅营业性质、主要顾客群特性及餐食内容等因素的影响。由于所受到的限制不同，宴会厅的规划与设计会有所差异。尽管如此，主要的设计原则却不变，因此在投资兴建之初就应配合需要并考虑日后的发展，拟订一个全盘性的、详细完整的计划。如此一来，即使空间有限，经费不充裕，也一样可以让有限的资源发挥最大的功效。

宴会厅平面格局设计要点有以下几点。

（1）宴会厅的宾客出入口应有两个以上，并双向双开，尺度可比普通双开门稍大。出入口应与建筑内部的主要通道相连，以保证疏散的安全性（图2-49）。

图 2-49 珍宝明珠园林食府

（2）宴会厅的室内布置应有主要观赏面，并设礼仪台和主背景，以满足礼仪、会议等视线要求。

（3）宴会厅的周边应有专用卫生间并满足较多人数的使用要求，档次较高。

（4）宴会厅周边的疏散空间内应适当布置座椅、沙发等，以保证宴会厅活动前宾客的休息、等候的要求。

（5）宾客人流与服务人流应避免交叉。由于宴会厅一般较大，一个服务口难以满足使用要求，同时又不易避免人流交叉，因此在宴会厅的一侧常设服务廊，通过服务廊，可以开设两个或两个以上的服务口。

（6）宴会厅的周边须配置相当的储藏空间，储藏转换不同功能时多余的家具与用品。同时还应设专门的音响、灯光控制室。

设计的主要内容是地面、墙面和顶棚，地面经常铺暖色调的地毯；墙面的处理应着重考虑色彩和材质的选择与配置、面的分隔、相应的线角处理以及质感和纹理的效果，墙面多选用较为温馨的天然材质，同时应适当考虑吸声的需要，因此，宴会厅墙面多用木材、壁纸和织物软包等。

顶棚的设计应根据建筑的结构来进行，如顶棚分格与藻井式处理，应当考虑梁柱的位置与大小，同时还应充分考虑到照明方式，将反射光槽、漫射光和大型主灯具有机地结合成一个整体。主灯具应选用整体感强，能凸显高贵华丽效果的灯具。所有光源应尽可能选用白炽光，以增强光源的显色性。另外，在礼仪台的区域应设置面光以增强该区域的视觉效果，在墙面上可设置装饰

壁灯以烘托气氛。

宴会厅与厨房要有独立的联系系统或交通空间，以提高服务质量。备餐间出入口要避免客人的视线看到内部；厨房与宴会厅相连的，要注意避免油烟的窜入和噪声的干扰。

（二）餐厅格局的设计

餐厅平面格局设计要点有以下几点。

（1）餐厅空间应与厨房相连，有利于提高服务质量。同时备餐间的出入口宜隐蔽，避免客人的视线看到厨房内部，还必须避免厨房的油烟味及噪声窜入餐厅，因此备餐间与厨房相连的门与到餐厅的门常在平面上错位，并提高餐厅风压。

（2）餐桌排列应保证客人流线、服务流线的通畅，避免服务路线过长和穿越其他用餐空间，有的酒店为此设有专用送菜服务部（图 2-50、图 2-51）。

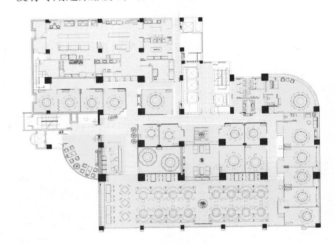

图 2-50 醉美时尚餐厅平面布局平面图

图 2-51 醉美时尚餐厅

（3）靠窗餐桌常侧向布置座椅，有利于观景，并扩大了观景座椅的比例。

（4）餐厅应有提供多种桌椅组合的可能，以适应一起用餐客人人数的变化。

（5）餐厅室内设计应有鲜明的特征，餐厅入口应预示餐厅的风格、内容，餐桌的照度高于餐厅空间的照度，在餐厅大空间中创造亲切雅致的用餐小空间。

（6）用餐频繁的餐厅、酒吧应靠近门厅，风味餐厅、贵宾餐厅可较隐蔽，通过引导到达。

（三）西式餐厅格局的设计

西式餐厅的平面布局常采用较为规整的方式。就餐时特别强调就餐单元的私密性，这一点在平面布局时应得到充分的体现。创造私密性的方法一般有以下几种（图2-52、图2-53）：

图2-53　华夏西餐餐厅

图2-52　华夏西餐餐厅平面布局平面图

（1）抬高地面和降低顶棚。这种方式创造的私密程度较弱，但可以比较容易感受到所限定的区域范围。

（2）利用沙发座的靠背形成比较明显的就餐单元，这种U形布置的沙发座，常与靠背座椅相结合，是西餐厅特有的座位布置方式之一。

（3）利用雕花玻璃和绿化槽形成隔断，这种方式所围合的私密性程度要视玻璃的磨砂程度和高度来决定。

一般这种玻璃都不是很高，距地面1200～1500mm（图2-54）。

（4）利用光线的明暗程度来创造就餐环境的私密性。

图2-54　华夏西餐局部

四、施工图绘制实例

施工图设计是一个方案深化阶段。在初步方案的基础上，设计师必须把设计进行深化。这个过程非常重要，它是为施工提供的一个准确的依据，是把设计变为现实的一个重要环节。对所选用的构思计划通过一系列设计手段，对室内空间的处理做深入细致的分析，以深化设计构思。餐厅设计方案深化阶段，包括确定初步设计方案和提供设计文件。室内设计初步方案的文件通常包括

平面图、立面图、室内墙面展开图、顶棚平面图、建筑装饰效果图及对建筑装饰作出的结算。

（一）平面图的深化

在平面图的深化阶段，还需要有地拼图，地拼图要准确地反映地面所用的材料、地面材料的多少、不同材料之间如何衔接等方面的情况，这样才不会在材料的计划中造成浪费。平面图深化这个阶段非常重要，它涉及以后的经营方式和管理。对设计方案进行空间计划，功能分区、人流线路的合理安排后，用平面表现的方式，绘成平面图，常用比例为1：50、1：100、1：150、1：200等（图2-55～图2-60）。

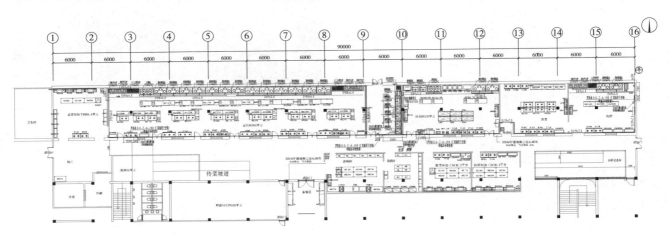

图2-55　海鲜码头大酒店加工制作区平面图

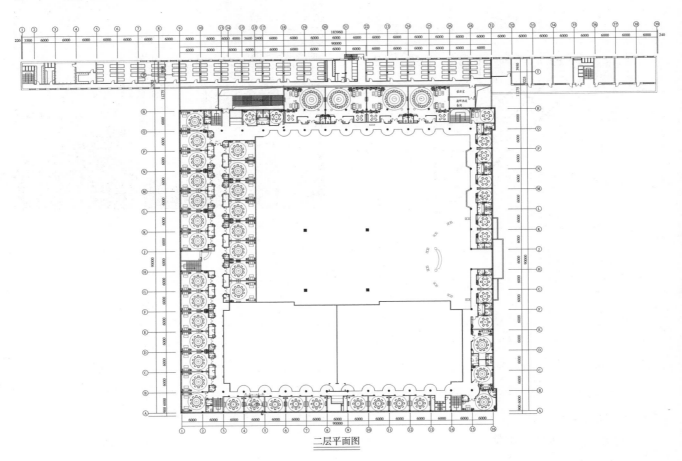

二层平面图

图2-56（一）　海鲜码头大酒店平面图

项目二　餐厅空间的设备布置

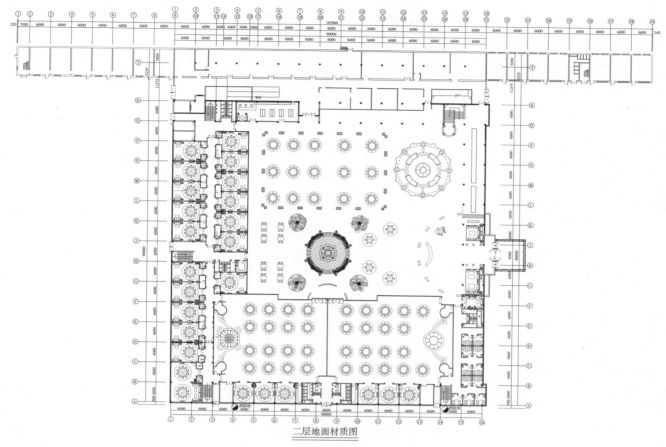

二层地面材质图

图 2-56（二）　海鲜码头大酒店平面图

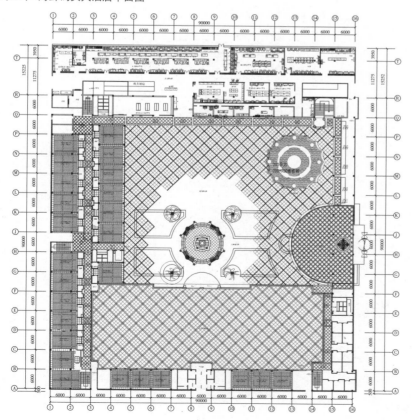

图 2-57　海鲜码头大酒店地
面形式设计平面图

039

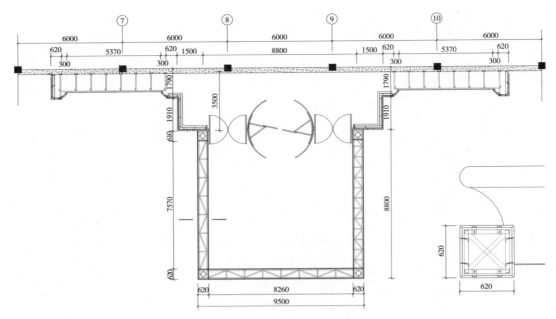

图 2-58　海鲜码头大酒店入口平面图

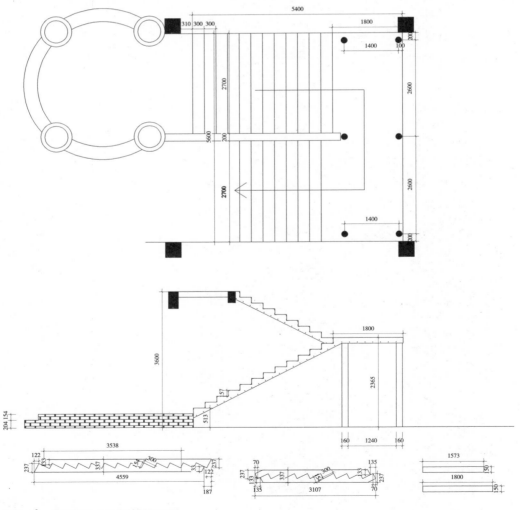

图 2-59　海鲜码头大酒店楼梯平面图

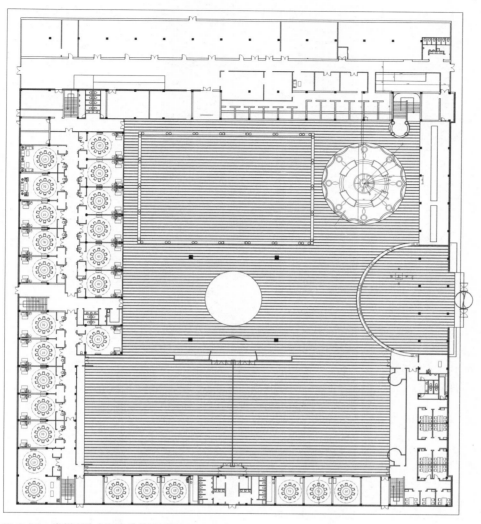

图 2-60　海鲜码头大酒店地热平面图

（二）室内立面展开图

详细的立面图要明确表达设计师的意图，协调各个立面的关系，常用比例为 1：20、1：30、1：40、1：50、1：100 等（图 2-61～图 2-66）。

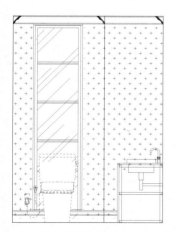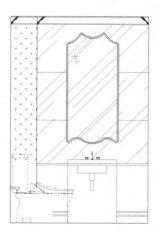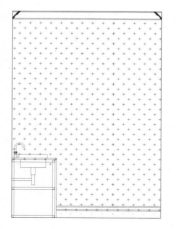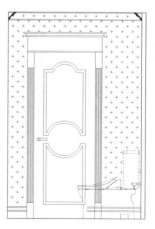

图 2-61　海鲜码头大酒店包房卫生间立面图

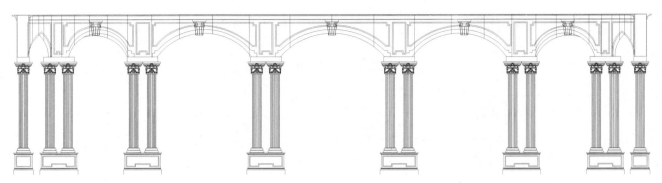

图 2-62　海鲜码头大酒店餐厅柱廊立面图

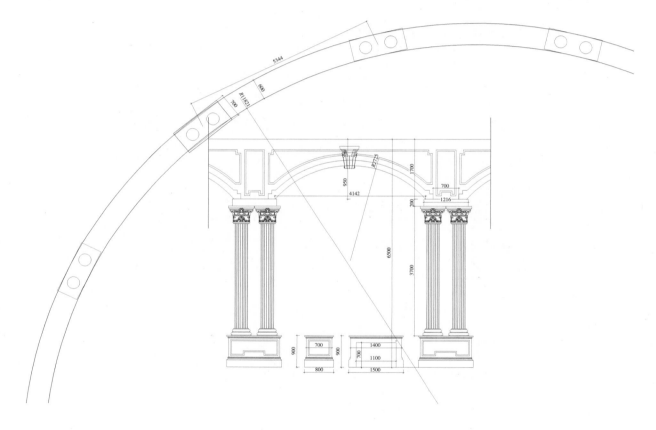

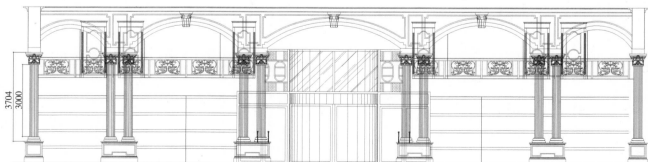

图 2-63　海鲜码头大酒店入口柱廊立面图

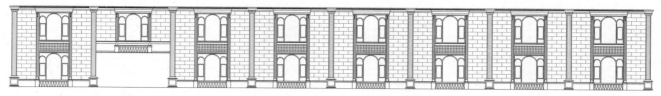

图 2-64　海鲜码头大酒店室内立面图

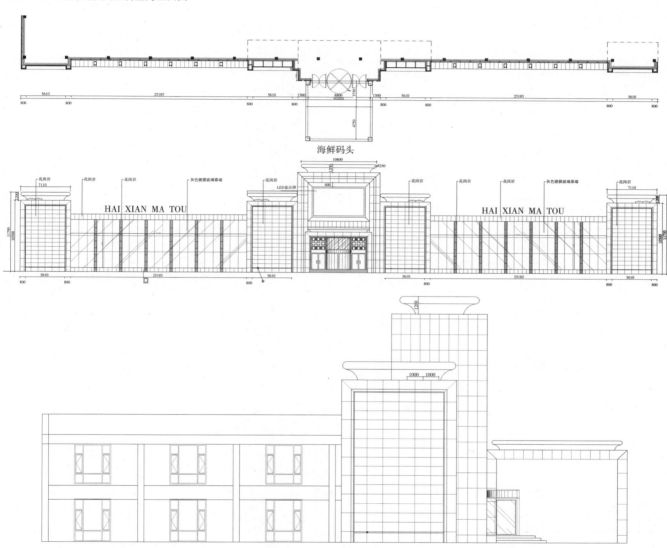

图 2-65　海鲜码头大酒店室外门脸立面图

（三）顶棚平面图

顶棚平面图用于表现顶平面的造型，包括照明设计图、暖通图、消防系统图等详细的设计图（图 2-67、图 2-68）。常用的比例为 1：50、1：100、1：150、1：200 等。

（四）施工大样图

初步设计方案须经审定后，方可进行施工图设计。

根据设计所用的材料、加工技术、使用功能，作一个详细的大样图说明，以便形成具体的技术要求。设计大样图应明确地表现出技术上的施工要求，另外，还要有怎样完成这个工程的一份详细图纸。施工图的内容还包括水、电、暖专业协调，确立相关专业平面布局的位置、尺寸、标高及做法、要求等（图 2-69、图 2-70）。

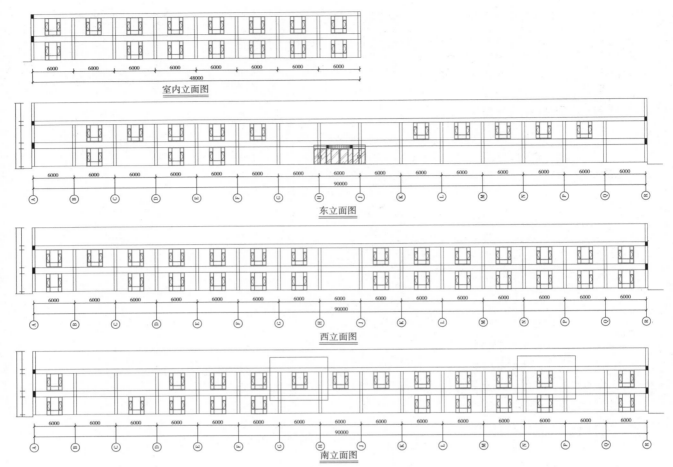

图 2-66　海鲜码头大酒店室外立面图

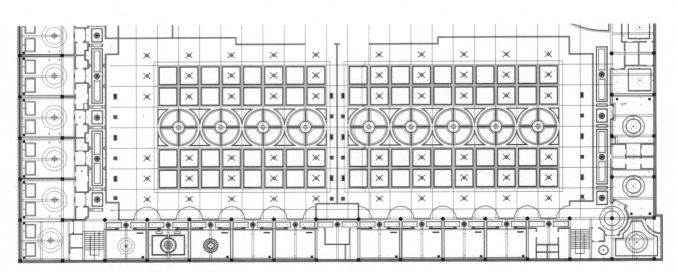

图 2-67　海鲜码头大酒店宴会厅吊顶平面图

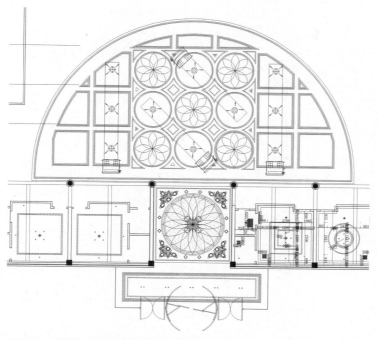

图 2-68　海鲜码头大酒店门厅吊顶局部平面图

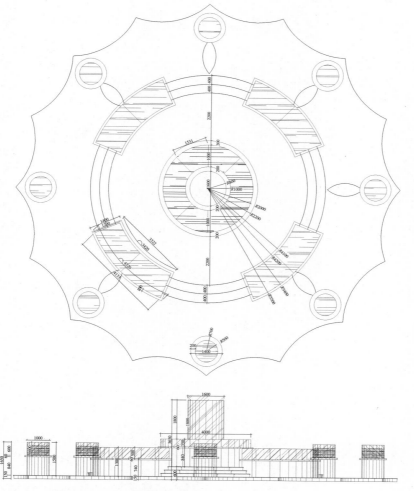

图 2-69　海鲜码头大酒店海鲜明档大样图

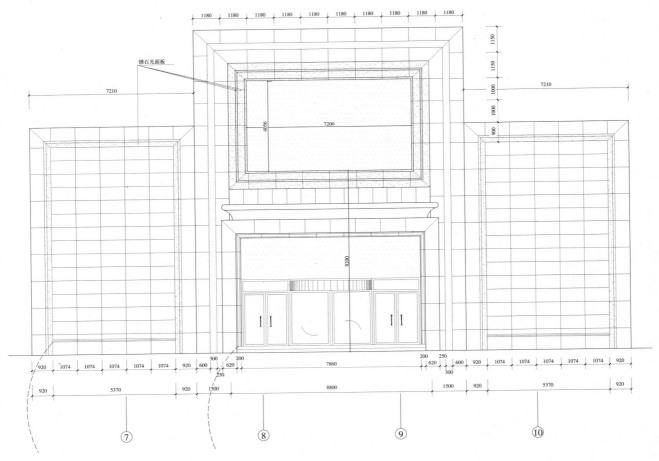

图 2-70　海鲜码头大酒店入口立面大样图

项目三 现代风格餐饮空间艺术设计

实训基础

现代风格餐饮空间艺术设计

一、现代设计风格

现代风格起源于 1919 年成立的包豪斯学派，强调突破旧传统，创造新空间，重视功能和空间组织。现代餐厅设计风格追求时尚、体现潮流、注重餐厅空间的布局与使用功能的完美结合。

装饰风格的特点是造型简洁新颖，具有时代感，是技术与美学思想在装饰上的最大革命，同时也改变了人们的餐厅空间设计理念（图 3-1）。现代风格造型简洁，反对多余装饰，崇尚合理的构成工艺；尊重材料的特性，讲究材料自身的质地和色彩的配置效果；强调设计与工业生产的联系。

图 3-1 某大酒餐厅

现代简约主义时尚风格无论房间大小，一定要显得宽敞。不需要烦琐的装潢和过多家具，在装饰与布置中最大限度地体现空间与设备的整体协调。造型方面多采用几何结构。现代简约主义有以下几个特征。

（1）色彩跳跃。大量运用高纯色彩，大胆而灵活，是对现代风格的遵循，也是个性的展示。

（2）简洁、实用的个性化空间。由于线条简单、装饰元素少，现代风格家具需要完美的软装配合，才能显示出美感。

（3）重视功能。现代风格重视功能和空间组织，注意发挥结构构成本身的形式美，造型简洁，反对多余装饰，崇尚合理的构成工艺，尊重材料的性能。

二、餐饮空间艺术设计理念

（一）艺术设计必须充分体现人性化理念

所谓人性化，就是坚持"以人为本"，提倡亲情化、个性化、家居化，突出温馨、柔和、活泼、典雅的特点，满足人们丰富的情感生活和高层次的精神享受，适度张扬个性，通过多种形式创造出使客人舒心悦目、独具艺术魅力和技术强度的空间环境（图3-2）。通过细小环节向客人传递感情，努力实现饭店与客人的情感沟通，体现饭店对客人的关怀，增加客人的亲近感，无形中带动饭店的人气和知名度上升（图3-3）。

（二）艺术设计必须充分体现实用性理念

餐饮企业市场定位不同，服务的客人群体会不同，对功能设计要求的适用性也不同。设计的适用性就是要求设计的功能必须考虑不同客人的需求特点，适合不同客人的使用，同时也要方便饭店的经营管理。如果不适合于客人使用，那么饭店就无法吸引更多的回头客；如果不方便于饭店自身管理，那么就会增加经营成本，也无法获得好的经济效益（图3-4）。

图3-2 某酒店入口

图3-3 某酒店休息等待空间

图3-4 兼有装饰展示分割空间的多功能设计

（三）艺术设计必须充分体现超前性理念

所谓超前性，就是设计要统筹考虑，既要绿色、环保，又要时尚，要不留遗憾。一方面要考虑原材料的绿色环保性，同时也尽可能减少收入，减少能源消耗。保护环境、减少污染，是人类生存之道，饭店在为客人提供舒适的食宿条件的同时，不能以牺牲环境为代价，这是社会对饭店的要求。从饭店本身讲，要提高效益，也要节约能耗，减少投入（图3-5）。另一方面，要体现时尚，要有超前眼光，要引领新潮，要充分考虑饭店今后的发展趋势，根据预测作出超前的设计，避免今后的重复投入（图3-6）。

图3-5　上海秦川人酒店

图3-6　杭州绿荫阁西餐厅

（四）艺术设计要充分体现经济性理念

饭店是企业，自收自支、自负盈亏，要以尽可能少的投入产生最大的产出，这是市场经济的规律。所以，我们在设计上也要充分体现这一理念，重装饰、轻装修，既要考虑合理性，又要体现经济性，争取以较少投入达到最佳效果（图3-7）。

（五）艺术设计要充分体现艺术性

所谓艺术性，就是要使广大宾客从视觉上、心理上产生赏心悦目的感觉。客人入住饭店，印象最深的往往

是饭店设计的艺术性。如果设计独特、创意新颖、造型别具一格，还可以成为饭店的标志性代表，这无形中强化了饭店在客人心中的形象，增加饭店的品牌价值，给饭店带来不可估量的经济效益（图3-8）。

图3-7　装饰景观设计

图3-8　休息区陈设设计

三、餐厅空间艺术设计的基本原则

（一）满足使用功能的要求

餐饮空间必须具有实用性才能满足其使用功能的要求。不论餐厅空间是什么类型，不管它的空间的大小、形式及组合方式，都必须从餐饮的功能出发，注重使用功能。餐饮空间的使用功能应满足下列要求。

1. 提供产品销售场所的功能

一个餐饮产品要顺利地完成买卖的过程，需要两个方面的条件：一是卖方有好的餐饮产品提供给买方；二是买方能满意地接受卖方出售的餐饮产品。餐饮空间作为产品销售的载体，在产品的整个销售过程中起着至关重要的作用，作为中介，搭起购买者和销售者之间的桥梁，销售餐饮产品的交易功能（图3-9）。

图3-9　金都假日饭店

2. 餐饮空间的功能要求

餐饮空间的功能要求与其他商品销售有很大的不同，其他商品销售大多是直接销售成品，顾客要在完成交易以后才开始使用商品；而餐厅空间则是根据顾客要求来制作餐饮产品，并提供相应的服务让顾客消费产品，从顾客进入餐厅空间开始，他所有的行为都对餐饮产品的消费产生巨大的影响，一直持续到他走出这个场所，产品的销售空间才算完成了它的使命。所以餐厅空间在餐饮产品交易中显得特别重要（图3-10）。

图3-10　赛琳娜自助餐

3. 有完善的使用功能

一切的餐饮产品都要在餐厅空间的环境里接受检验，看其是否能被人们所接受。人们带着不同的心情走进餐饮空间，在这里得到同一文化的熏陶，所以人们对餐厅空间的使用功能有很高的要求。餐饮空间必须具有实用性和合理性。餐厅空间的划分、空间的大小、空间的形式、人们的就餐方式、个人空间之间的协调关系，必须满足其使用要求，包括：

（1）安全功能。这是指在餐厅空间里，必须为客人提供财物和人身安全的保证，比如消毒设施、消防楼梯、紧急出口标志、烟感器、应急设施、台阶照明、食品的卫生安全等。

（2）支配控制功能。人总是有一种支配和控制的欲望，提供好的服务就是为了满足人们的这个功能要求。

（3）信赖功能。好的餐饮产品要有很好的信誉，使顾客在心目中对产品产生信赖。信任感的建立能够促使人们对餐饮文化产品的依赖，从而成为餐饮产品最忠实的朋友，因而信誉也是一个企业的生命。

（4）合理价格功能。顾客总是希望花最少的钱，买到最好的产品，就是人们常说的价廉物美。有些饭店常常推出部分产品打折，或是分时间段地打折的活动，就是利用求廉的心理来刺激顾客的销售欲望。

（5）显示身份地位功能。餐厅空间的档次是体现一个人的消费能力的地方，消费能力的高低也成为一个人身份地位高低的象征。如大堂和包间、大包间和小包间、装饰陈设等级，等等。

（6）自我满足功能。消费者都希望买到自己喜爱的名牌产品，对名牌产品的拥有能使人产生一种自我满足感。因此，有知名度的餐厅应抓住自己的品牌效应，在使消费者消费餐饮的同时，也为某些企业的品牌做宣传，以此来使顾客自我满足，达到一举两得的目的。

（7）其他附带功能。消费者除了对以上的使用功能有要求外，还要求有其他的附带功能，如电话间、接待室、衣帽寄存处、儿童代管区、吸烟室等，有的大型餐饮企业还设有供消费者使用的读书社、老电影回顾厅、城市文化发展展示厅、茶楼等。

餐饮空间是生产产品和销售产品的一个复杂的综合体，有满足产品销售的餐厅大厅，有满足产品生产的厨房，有招揽客人的门面，还有其他配套的服务设施，如卫生间、储藏间、机房、更衣间等。餐厅设计的格局大体上有外观设计、室内设计、厨房设计三大部分。设计前，要了解餐厅的格局、经营理念、经营内容、经营的方式、场所的大小、销售的阶层、销售方式、服务方式等功能情况。

（1）餐厅外观设计。一个餐厅的门面是最好的广告，它体现餐厅的主题思想，主要作用是招揽顾客、让顾客看后留有记忆，从而使餐厅形成品牌。所以外观是浓缩的文化，它的设计非常重要（图3-11）。

（2）餐厅室内设计。餐厅内部的格局除了要合理安排客人用餐的空间位置，还要完善动线的安排，也就是我们所说的人流格局。人流格局包括客人的人流格局、服务人员的人流格局和产品流线的格局。

（3）厨房设计。厨房虽然不被消费者直接使用，但在餐厅经营中非常重要。厨房不仅控制着产品的品质，同时也控制着销售的成本，满足制作餐饮产品要求。

餐饮产品要靠后台提供。餐饮产品的好坏取决于产品的制作的优劣，它除了与厨师的技术、工作人员的素质有关以外，还与餐厅生产空间有关。餐饮产品生产空间具有生产餐饮产品的功能，餐饮产品生产空间包括产品加工区、员工休息区、办公管理区等。

餐饮产品生产空间不仅仅依靠后台作业顺利运转，还包括工作人员的作业是否方便、服务线路是否合理，同时也要给工作人员创造一个良好的工作环境，因为作为后台的厨房，是餐饮产品的生产和加工部分，必须满足使用要求：合理的安排生产流程，避免人流重复的穿梭，主食加工、副食加工、初加工一定要有严格的分区。

（二）满足精神功能的要求

人们对餐厅空间精神方面的要求，是随着社会的发展而发展的。顾客的心理活动千变万化，难以把握，个性化、多样化的消费潮流，使餐厅空间里融入了浓厚的文化品位和个性（图3-12）。

图3-11 夏味馆门面

图3-12 鼎的诚信文化定位

餐饮企业的发展是否成功，其竞争的焦点是把握顾客的心理活动。提高餐厅空间的精神功能是餐饮企业发展的灵魂。因此要用文化品位去打动消费者的心。满足顾客特定的心理需求。

顾客个性化的消费是餐厅空间的设计定位的依据，针对某个特定的消费人群的精神需求，根据他们的喜好来打造文化氛围，以迎合他们的心理，同时促进消费。多样化的消费人群、不同爱好和个性的消费都需要不同的空间主题来满足他们的精神需求（图 3-13）。

图 3-13　象山国贸大酒店浪漫的美学定位

（三）满足技术功能的要求

技术要求包括两个方面的要求：

（1）设计是运用不同的材料来表现的，材料作为表达设计理念的手段，不可忽略地被推到了空间展示的前沿。正是对不同材料的组合和技术加工，人们才创造出不同风格、不同情感表达的餐厅文化。设计师必须了解材料的性能、纹理，材料的成型、加工，材料的搭配等，还要懂得这材料的施工工艺（图 3-14）。

（2）设计还要满足物质环境的技术要求。物质环境对于餐厅空间设计来讲非常重要（图 3-15），它包括：①声音环境的技术要求。不同的背景音乐能给客人带来不同的感受；②采光系统的技术要求。采光系统在餐厅设计里非常重要，采光在设计上分为自然采光和人工采光，良好的采光，必须根据不同的要求来设计；③采暖系统的技术要求。采暖系统主要是指暖通系统，冷暖的送风系统能让客人产生餐厅四季如春的感觉，让餐厅里永远没有冬季的寒冷和夏季的炎热；④消防系统的技术要求。消防系统（包括报警系统）的技术要求主要是给客人带来安全感，并使其在发生意外的情况下能够得到最大限度的安全保障。消防系统的技术要求非常严格，国家颁布实施有消防规范，请参看相关的书籍。

图 3-14　香辣居室内

图 3-15　某餐厅室内

（四）具有独特个性的要求

个性独特的餐厅是餐饮企业的生命。餐厅空间设计得富有特色是餐饮企业取胜的重要因素。艺术的魅力不是千篇一律，餐饮文化也需要打造与众不同的文化。人们总是希望在不同的场所感受不同的文化氛围，所以餐厅空间的个性尤为重要。缺乏风格和个性，没有文化内涵的餐厅空间，不可能形成餐饮销售的卖点，得到人们的认可，讲究生活质量的人不会常去一家没有个性品位的餐厅消费（图3-16）。

图3-16　某餐厅中国红的应用使空间特征鲜明而独特

在我国西南一带流行巴蜀风格的地域文化，巴蜀文化有着优秀的文化传统和历史，人文气息非常浓厚，有很深的文化内涵和人们喜闻乐见的民间、民俗文化，同时也反映了巴蜀儿女根深蒂固的大地情怀。餐厅空间设计应在"独特"二字上下工夫，塑造出其他地方、其他企业没有的空间环境，突出本餐厅空间环境的特色，突出自己的个性特征和设计理念，把握好顾客的心理需求（图3-17）。

（五）满足顾客目标导向的要求

餐厅空间设计定位一定要以目标市场为依据，被称为"上帝"的顾客是餐饮业生存和发展的依托。我们所展现给大家的餐饮文化是否受到人们的喜爱，就要看我们所设计的东西是否以顾客为导向，是否给人们提供了一个喜闻乐见的餐饮文化环境（图3-18）。

图3-17　巴蜀传香酒店室内

图3-18　某餐厅喜庆的环境

客人们对餐厅空间的要求实际上很简单，就是想在一个舒适、幽雅、有文化品位的环境里享受美味的菜品和良好的服务。我们必须把握顾客的经济承受能力和心理需求，为顾客提供一个在经济上和心理上都能满意的餐厅。

（六）满足适应性的要求

餐厅空间设计离不开社会环境。社会环境和条件是一个企业赖以生存和发展的基础。不同民俗、不同的地理环境将影响餐厅空间设计的风格（图3-19、图3-20），所以餐厅设计必须遵守社会环境的适应性原则。

餐厅空间的适应性原则体现在对社会环境的依赖上，而社会环境则受到经济变化、周边环境、民俗习惯、宗教信仰、地理气候、生活习惯等的影响。

图3-19 某餐厅的国粹京剧表演

图3-20 简洁时尚的设计

（七）满足经济的要求

餐厅空间设计的实施需要有经济的保障。经济的原则性来自两方面：一是考虑投资是否必要，主要是指投资的合理性；二是看投资是否有回报的可能，避免投资的盲目性。

餐厅投入市场的最终目的是最大限度地销售自己的产品，扩大销售额，增加利润。每位业主都希望投入最少的资金而获得最大的利润。即使是有钱的商家也不愿意盲目地、无计划地投资。高档次的餐厅空间不是由昂贵的投入决定的，如果不具有文化品位，材料运用得不恰当，也没有合理地表达设计思想，那么，再昂贵的投入也只会让餐厅空间变成一个材料的堆砌场所。

四、餐饮空间艺术设计

（一）餐饮空间艺术设计

艺术设计是运用传统美学和现代美学思想通过一定的表现手段展现出来的创造作品，空间艺术设计是设计师对建筑空间进行的一种设计创造活动，是在不断地设计与设计实施过程中逐步完成的成果。空间设计是将思维中的设计构想在现实的空间中实现（图3-21）。

图3-21 某餐厅的空间艺术设计

（二）餐饮空间艺术设计特点

餐饮空间除了作为饮食场所要满足人们的客观需要外，还要通过环境艺术设计来满足人们更高的精神文化需求。餐饮空间环境艺术设计作为装饰餐饮空间的一种重要手段，是餐饮行业优化商业经营的重要方面，其主题性设计是餐饮空间艺术设计具有文化特征的设计手段之一。围绕某一中心主题，或突出某种文化要素，是餐饮空间环境艺术设计行之有效的方法，装饰材料、色彩、陈设、空间造型、餐饮服务以及营销的菜品等都可作为主题设计的内容。主题设计成功，可成为区别于其他餐饮空间的显著特征，使顾客记忆深刻（图3-22）。

图3-22 某大酒店酒吧区

餐饮空间的主题应鲜明且具有丰富文化内涵，并应贯彻独创性、统一性、经济性的原则，力求使餐饮场所成为一种现代文明、餐饮文化的载体，让顾客感受到环境艺术气氛，并获得高品位的视觉享受。好的餐饮空间主题设计有利于餐饮文化的创新和繁荣，有利于形成企业的品牌标志，从而创造品牌效益（图3-23）。

图3-23　太平洋香辣居

（三）设计全面的思维能力的培养

1.学习观察生活和体验生活的思维方法

作为餐厅空间设计工作者，应该细心观察和体验生活，在观察中学习，在体验中学会思考。无法想象，没有到过餐厅的人能够从事餐厅空间设计工作，没有亲自体验餐厅环境的人能够了解客人的需求，没有到过厨房的人能熟悉厨房的流程和功能。只有大量地、深入细致地观察和体验，才能掌握第一手资料，以此作为自己研究和与他人交流的基础（图3-24）。

2.提出问题的思维方法

设计是以问题为导向的研究性工作，有价值的问题

不会让我们盲目地进行设计。在繁华的都市，繁忙的工作、拥挤的交通、淡漠的情感、紧张的生活……在快节奏的时代，人们为什么去我们设计的餐厅里吃饭（设计的理由）？他们需要什么样的餐厅（设计的定位）？我们能够为他们提供什么服务（寻求融合）？这些都是我们需要思考的问题。只有不断地提出问题，才有可能修改自己一些不成熟的想法，让自己的设计更加合理（图3-25）。

图3-24　瓦库茶语

图3-25　设计的元素

3. 角色互换的思维方法

角色互换有利于我们达到"处处为他人着想"的最高境界。站在顾客的角度提出：如果我是顾客，我去餐厅想购买什么？是产品的质量，还是购买环境，还是购买服务？我花这么多钱是否值得等一系列的问题。反过来，站在企业一边又会提出，如果我是业主，我要出售的产品是什么？怎么出售？卖给什么人群？成本和回报的时间？企业将来如何可持续的发展……如果我是员工，我需要什么样的工作环境？什么样的工作条件？工资待遇是多少？企业是否能给我发展的机会……作为设计工作者只有设身处地地为他人着想，自己的设计工作才能获得尊重和信任，设计作品才能得到大家的承认（图3-26）。

4. 分析和研究问题的思维方式

我们面对诸多的问题，有了诸多的思考，也关注了众多的社会问题，只有经过多次的分析和研究，才能总结出新的设计原则，找到符合实际情况的设计理念，设计作品才有生命力和说服力，才能与时俱进地面对多变而发展的餐饮业。

图3-26 卫生间的人性化设计

项目四　中式风格餐饮空间艺术设计

实训基础

中式风格餐饮空间艺术设计

一、中式设计风格

现在有一种时髦的提法就是："激活经典，享受生活。"这是人们对传统风格的怀念和对传统文化的喜爱的体现，东方和西方的传统风格有很大的不同。

东方传统餐厅设计风格，以中国为代表。而中国餐厅传统风格又体现在几个阶段。唐代的华丽，宋代的简朴，明代的清雅，清代复杂而繁多的装饰，都具有各自不同的风格特点，传统的餐厅空间里运用了我国室内藻井天棚、挂落、雀替的装饰风格，材料以木构架为主，表现出崇尚自然的特性，造型上较为精美和讲究，形成了我国的传统风格（图 4-1）。

中式餐厅在我国的饭店建设和餐饮行业占有很重要的位置，并为中国大众乃至外国友人所喜闻乐见。中式餐厅在室内空间设计中通常运用传统形式的符号进行装饰与塑造，既可以运用藻井、宫灯、斗拱、挂落、书画、传统纹样等装饰语言组织空间或界面，也可以运用我国传统园林艺术的空间划分形式，拱桥流水，虚实相形，内外沟通等手法组织空间，以营造中国民族传统的浓郁气氛（图 4-2）。

中餐厅的入口处常设置中式餐厅的形象与符号招牌及接待台，入口宽大以便人流通畅。前室一般可设置服务台和休息等候座位。餐桌的形式有 8 人桌、10 人桌、12 人桌，以方形或圆形桌为主，如八仙桌、太师椅等家具。同时，设置一定量的雅间或包房及卫生间。

图 4-1　北京涵珍园一

图 4-2　北京涵珍园二

图 4-3　某餐厅

中餐厅由于国家和民族文化背景的不同，中国和西方国家的餐饮方式及习惯有很大的差异性。总的来说，中国人比较重群体、重人情，常用圆桌团体吃饭，讲究热闹和气氛。

传统吉祥图案包括：龙、凤、麒麟、鹤、鱼、鸳鸯等动物图案和松、竹、梅、兰、菊、荷等植物图案，以及它们之间的变形组合图案等。

中国字画、古玩、工艺品也是中式餐厅中常见的点缀品。其种类繁多，尺寸差异很大。大到中式的漆器屏风，小到供掌上把玩的茶壶，除此之外，还有许多玉雕、石雕、木雕等，更有中式餐馆常见的福、禄、寿等瓷器。尺寸较小的古玩和工艺品常采用壁龛的处理方法，配以顶灯或底灯，会达到意想不到的视觉效果（图 4-3）。

中式生活用品也常用于中式餐厅的装饰，特别是那些具有浓郁生活气息和散发着泥土芬芳的用品，可以引起人们的幽思、浮想，为中式风格设计添彩。

二、餐厅空间艺术设计原则

（一）内部设计的基本原则

（1）正门的设计应明显且方便顾客进出。正门的位置与设计应该以容易被顾客发现、有明显易懂的指示为宜。除此之外，正门不宜太小，必须要让顾客方便地进出。如果空间足够，最好是能将餐厅的进出路线区隔开来。这样不但能有效地区分顾客的行进方向，也能快速地为顾客提供所需要的服务（图 4-4）。

（2）空间利用与完善的规划。虽然餐厅是以赢利为目的的经营实体，但除了提供餐饮服务外，顾客也相当注重用餐厅环境的舒适性。所以餐厅的格局设计必须留有相当的空间，除了让工作人员能有足够的工作活动空间外，还可以达到顾客彼此间的区隔效果，让顾客享有较多的隐私空间；相互不受干扰。因此，餐厅中绝对不可以用大量的桌椅将空间全部填满。

图4-4 门厅引导

（3）餐厅的空间设计还应考虑到工作人员的活动范围，应尽量以宽敞且让员工可以方便地操作器具为标准。这样不但可以提高工作效率，同时又可以避免工作时发生互相碰撞的危险。此外应善于运用色彩的明暗对比、光线的变化、植物陈设、名人字画、透明玻璃等装饰餐厅的空间，让小空间有宽敞感，大空间有温馨感，并进而营造出餐厅特殊的风格与气氛（图4-5）。

（4）空间设计是根据建筑物的使用性质、所处环境和相应标准，运用物质技术手段和建筑美学原理，创造功能合理、舒适优美、满足人们物质和精神生活需要的室内餐饮环境。商业餐饮空间既具有商业使用价值，又满足餐饮功能要求，同时也要反映出建筑风格、环境气氛等精神要素（图4-6）。

（5）建筑师戴念慈先生认为"建筑设计的出发点和着眼点是建筑空间的内涵，把空间效果作为建筑艺术追求的目标，而界面、门窗是构成空间必要的从属部分。从属部分是构成空间的物质基础，并对空间内涵的观感起决定性作用，然而毕竟是从属部分，至于外形只是构成内涵空间的必然结果。"

（6）空间设计构思时，需要运用物质技术手段，即各类装饰材料和设施设备等，这是容易理解的，但还需要遵循建筑美学原理，这是因为室内设计的艺术性，除了有与绘画、雕塑等艺术共同的美学法则外，作为"建筑美学"，更需要综合考虑使用功能、结构施工、材料设备、造价标准等多种因素。建筑美学总是和实用、技术、经济等因素联系在一起，这是它有别于绘画、雕塑等纯艺术的差异所在。

图4-5 "帝影楼"中式餐厅

图4-6 生态园林主题会议酒店

（二）外观设计的基本原则

（1）在进行外观设计之前，应该确定餐厅的名称和餐厅的装饰风格，根据所选定的名称和风格才能设计出与名

称相符的外观及特色的餐饮环境。餐厅名称应能让顾客印象深刻，容易记忆，最好还能够朗朗上口。例如，餐厅定向以年轻人为主时，应该采用具有流行感、时尚感、新颖感或谐音及谐意的名称来命名，这样就比较能够抓住年轻人一探究竟的好奇心，吸引他们前来消费（图4-7）。

图4-7　山海轩酒楼

（2）确立餐厅的主题及主要消费群的喜好，并配合建筑物的特色，设计醒目并能吸引顾客的外观及餐饮环境。

（3）设计时除了必须注重特殊风格外，最好也能赋予隐藏或暗示性的意义，如此一来就更能给顾客留下深刻的印象。

（4）要能表现出菜品的特色，最好是让消费者一看便知道餐厅的主要菜品是什么。

（5）以开放式或透明式的设计为佳，这样可以让顾客亲近及了解餐厅，进而引起顾客进入餐厅消费的欲望。

（6）设计时应注意所在商圈的文化特色，在力求展现餐厅风格的前提下，也要能融入当地的文化特色，避免与该区域产生隔阂感。

三、餐饮空间艺术设计要点

（一）空间设计要点

固定空间、实体空间虽不可变，但通过合理的装饰布置却能改变室内的"空间感"。同一空间由于色彩、图案、线型、材质、照明、陈设等的不同，给人的空间感受也会不同。

1. 色彩的进退

色彩具有进退感，如暖色是向视觉方向靠近，从而使空间变小；冷色是向后退远，从而使空间变大。根据这一特点，小餐厅想产生宽敞感，就可以用偏冷色调；大餐厅想产生亲切感，就可以用偏暖色调。就色彩的明度来说，浅色能使房间变"大"，深色则使房间变"小"（图4-8）。

图4-8　某西餐厅

2. 线型的方向

水平线可以使空间向水平方向"延伸"。垂直线可以增强空间的高耸感，根据这一感觉，对于窄的空间，墙面的墙布或窗帘的纹理就可以选择水平线型的；相反，对于高度偏低的房间，则可选择垂直线型的；顶面深色，空间降低；顶面浅色，空间增高（图4-9）。

图4-9　西餐厅

3. 图案装饰的大小

墙面图案花饰大，使墙面"前提"，空间感觉小；而花饰小，则使墙面"后退"，空间感觉大。一般大空间采用大花纹，小空间采用小花纹（图4-10）。

4. 材质的粗细

表面粗糙的界面，使人感觉往前靠，质地光滑的界面则感觉离人远，透明材料制造的家具更使空间显得开阔（图4-11）。

图4-10 某餐厅

图4-11 东方饺子王

5. 照明的方式

直接照明使空间紧凑，间接照明则使空间宽畅；吊灯使空间降低，吸顶灯则使空间提高（图4-12）。

6. 画面和镜面

墙上挂一幅色彩淡雅、具有景深感的绘画或摄影作品会增加墙面的深度；而色彩浓重、层次单一的画面则会使墙面"前提"。大镜面常常给人以错觉，使室内空间深度感增加（图4-13）。

图4-12 某餐厅

图4-13 深圳皇冠假日大酒店西餐厅

（二）空间界面设计

（1）顶面。应以素雅、洁净材料做装饰，如漆、局部木制、金属，并用灯具作衬托，有时可适当降低吊顶，可给人以亲切感。

（2）墙面。齐腰位置考虑用耐磨的材料，如选择一些

木饰、玻璃、镜子作局部护墙处理，而且能营造出一种清新、幽雅的氛围，增加就餐者的食欲，给人以宽敞感。

（3）地面。选用表面光洁、易清洁的材料，如大理石、地砖、地板，局部用玻璃而且下面有光源，便于制造浪漫气氛和神秘感。

（4）餐桌。方桌、圆桌、折叠桌、不规则形桌、不同造型的桌子给人的感受也不同。方桌感觉规正，圆桌感觉亲近，折叠桌感觉灵活方便，不规则形感觉神秘。

（5）灯具。灯具造型不要烦琐，但要足够亮度。可以安装方便实用的上下拉动式灯具，把灯具位置降低；也可以用发光孔，通过柔和光线，既限定空间，又可获得亲切的光感。

（6）绿化。餐厅可以在角落摆放一株大型绿色植物，在竖向空间上点缀小型绿色植物。

（7）装饰。字画、壁挂、特殊装饰物品等，可根据餐厅的具体情况灵活安排，用以点缀环境，但要注意不可过多而喧宾夺主，让餐厅显得杂乱无章。

（8）音乐。在角落结构中可以安放一只音箱，就餐时，适时播放轻柔美妙的背景乐曲，可促进人体内消化酶的分泌，促进胃的蠕动，有利于食物消化。

（三）空间细节的打造

设计创造的室内环境，必然会关系到室内活动的质量，关系到人们的安全、健康、效率、舒适等。环境的创造，应该把保障安全和有利于人的身心健康作为室内设计的首要前提。

餐饮空间环境质量的优劣是由许多因素决定的，除了空间大小、家具以及装饰材料等硬件外，餐饮空间的环境气氛同样对就餐的环境质量起着重要的作用，餐饮空间环境气氛的营造可以通过色彩、光环境、陈设绿化和室内景观等来实现。

餐饮空间的室内色彩多采用暖色调，以达到增进食欲的效果，虽同为暖色调，但中间的差异还是很大的。如中餐厅若是皇家宫廷式的，则色彩热烈浓郁，以大红和黄色为主；若是园林式的，则以粉墙为主、略带暖色，以熟褐色的木构架穿插其中，也可以木质本色装饰（图4-14）。

图4-14 味之楼

而西式餐厅则更多地采用较为淡雅的暖色系，如粉红、粉紫、淡黄或白色等，当然也有用熟褐色的，有的高档餐厅还施以描金。

在一些小餐厅中也有采用冷色调的，如有的海鲜馆为了体现海底世界的特征，采用蓝色色系，再辅以鱼等装饰挂件，很好地体现了设计主题。

餐饮空间的光环境大多采用白炽光源，也有采用日光灯光源与白炽光源相间的处理手法，但极少采用彩色光源，这是由于白色光源具有较强的显色性，不致改变食物的颜色。

室内陈设也是餐饮空间气氛营造的重要手段，室内陈设包含的面非常广，从字画、雕塑、工艺品等艺术品，到人们的日常生活用具与用品，都可以成为室内装饰品，只是设计师应根据需要以及不同类型的餐厅去选用相应的室内陈设。室内陈设可以为就餐者提供文化享受，增加就餐情趣（图4-15）。

图4-15 某餐厅

绿化是室内设计中经常采用的装饰手段，几乎所有的餐饮空间都有绿化的装扮。它以其多姿的形态、众多的品种和清新的绿色得到了人们的青睐。绿化在餐饮空间中的运用非常广泛。有用于点缀"空白"的盆栽，有用于限定空间的绿化带，还有用于"串联"上下空间的高大乔木，无论是色彩还是形态，都大大地丰富了餐饮空间的视觉效果。

在餐饮空间中，为了表达某个主题，或是增加室外气氛，经常在一些不影响使用功能的所谓"死角"设计室内景观。这些景观让就餐者感受到某些寓意或情调（图4-16）。

图4-16 某餐厅

（四）餐厅光环境设计

人类利用光的历史经历了漫长而艰难的历程，从简单的满足人们照明的基本要求，发展成为今天具有艺术感染力的光环境，以满足人们的精神追求。为了优化光在环境里的设计，作为设计师，应该了解光在环境里的作用和设计方法。光环境的设计就是利用光的要素来营造和烘托出餐厅空间的环境氛围。光环境分为自然光环境和人造光环境两种，光在餐厅空间环境里是重要的设计因素。

1. 自然光环境的设计方法

自然光环境是利用自然光源来营造餐厅空间。如

何借用自然的光线，把大自然还给人们，是设计师应该研究的一个重要课题。今天，随着餐厅文化的日益现代化，人们对工业化带来的人工环境开始厌倦，更渴望大自然所赐给人们的最好的礼物——阳光、空气。充分利用自然光，创造良好的光环境和节约能源，保持与大自然的亲切和接触，这是人工所不能达到的。人们不仅仅喜欢阳光的温暖，更钟爱自然光所形成的光和影，从早晨到夜晚，从春夏到秋冬变换无穷的光影，为人们带来了数不尽的魅力和动感，活跃的光振奋人们的精神，使我们在心理上感到满足（图4-17）。

图4-17 某餐厅

大片玻璃把自然光引入餐厅空间，可以使人们的视野开阔。美国佛罗里达州一位光设计师路易斯·康（Louis lsadore Kahn）曾经说过这样一段话："建造一间房子，为它开上窗，让阳光进来，于是，这片阳光就属于你。你建造房屋就是为了拥有这片阳光。"可见在餐厅空间里拥有一片自然光环境是形成意境的极好手段。

利用窗的造型可重塑自然光的形象，不同形状的侧窗引进的光线会呈现不同的效果。自然光线随着天气的变化，使室内产生变化万千的光影效果，极具感染力，同时也给人不同的感受。长条形的光影感觉悠远，点状的光影产生斑斓、灿烂的感觉，窗上的构件和窗花会像剪纸一样印在空间里，在室内烘托出神奇的光照变化，展现出自然光在餐厅空间里的魅力（图4-18）。

图 4-18　法式贵宾餐厅

2. 人造光环境的设计方法

人造光环境是利用人工的光源营造餐厅空间的氛围。人工光环境较天然光环境易于控制，能适合各种特殊需要，而且稳定可靠，不受地点、季节、时间和天气条件的限制。创造具有个性的餐厅空间人造光环境无疑要有自己的特点。下面介绍人造光环境的几种作用。

（1）人造光对空间的界定是空间分隔的手段之一，是利用光对空间的界定作用而营造出许许多多有很强震撼力的心理空间。如把光束停留在某个地方，把空间从大空间里界定出来，形成有一定范围的小空间，从而起到突出和界定空间的作用（图 4-19）。

图 4-19　某餐厅

（2）人造光对空间具有渲染气氛的作用，人造光环境最大的魅力，就是可以充分发挥光的灵活性，着力追求用环境光来渲染环境，展现出光照典雅、气势宏伟、绚丽多姿的餐厅空间，创造出有意境的空间环境，使人的视觉沉浸在一种空间带来的震撼感里。在设计中，我们可以通过光的投射、强调、映衬、明暗对比等方法，渲染环境气氛。人造光可以模仿自然光的效果，表现幽深大海的神秘刺激的感觉，或探险般电闪雷鸣的刺激的感觉，或优雅美好的温馨感觉等。这些气氛对人们的心理状态会产生影响，撩起人们情感，所以光对人的心理会产生巨大影响。

（五）餐厅景观的设计

景观设计的介入能为餐厅空间注入新的概念和活力。餐厅景观设计是将室外的自然景物直接引入室内，或通过借景的方式引入室内而形成的室内庭院和室内景园，为餐厅空间创造一种完美的室内生态环境，以提高餐厅空间环境的舒适感，让人们享受大自然的气息，感受回归自然的惬意。景观在餐厅空间设计中的表现形式有以下几种。

1. 水景在餐厅空间里的运用

人们总是在有水的地方建立起自己的家园，创造着自己心仪的环境。水永远是给城市生活带来无限生机的内容，它体现着人对自然的依赖。水景的构成形式有：点构成的喷泉、线构成的瀑布、面构成的水池等（图 4-20）。

图 4-20　镇江某大酒店室内景观

2. 绿化在餐厅空间里的运用

把花草、植物作为景观引入餐厅空间已成为时尚。植物不仅可以取悦人们，也可以调节人们的心理机能，同时还能改善气候，保持生态平衡以及起到其他的物理和生化作用。各种各样的绿化丰富着我们的环境，各种植物造型形成的不同景观，美化着我们的环境。

植物四季轮回变换着形象，给餐厅空间赋予不同的容貌和性格。春季的蓬勃生机，给人焕然一新，充满无限生机感；夏季枝繁叶茂，生机勃勃，起到消暑降温，昂扬向上的作用；秋季硕果累累，给人以收获的惊喜；冬季室外寒风瑟瑟，室内叶绿花开，给人以春天的感觉。翡翠般的绿色枝叶装饰，可以柔化空间，使空间充满生气。植物在空间里的作用还不仅仅是净化空间，调节气温，它还可以引导空间和组织空间。

利用植物来分隔空间，形成不同区域划分，让人们在空间里体味自然，把心贴近自然。绿化在餐厅空间设计的形式上表现在以下几个方面：突出空间的重点、分隔空间、引导空间（图4-21）。

图4-21　某大酒店景观设计

3. 装饰小品在餐厅空间里的设计方法

在环境气氛的处理上，装饰小品可起到点缀空间的作用，在平衡布局、协调色彩、活跃气氛、调节人们心理方面也都起很好作用。在餐厅空间，常用的装饰小

品设计手法有以下几种。

（1）运用字画点缀空间。字画是文化品位的代表。如具有文人风采的中国画，常用于传统文化氛围很浓的餐厅空间；古典油画雍容华贵，多用于西式风格的餐厅空间；装饰画具有现代气息，常用于具有时代感的餐厅空间，如快餐店内装饰点字画，与餐厅空间相互辉映，让人们对餐厅的感受提升到文化的高度。

（2）运用雕塑点缀空间。不管是抽象还是具象雕塑，往往都有一个明确的主题思想，在餐厅空间里很容易形成文化的亮点，反映文化的主题，因此设计师常用它来点缀空间。

（3）运用瓶花盆栽点缀空间。独特风格的瓶花和盆栽，可以增添空间的情趣和雅致。在空间里适合用于小的细节处，如在花架上的盆栽、窗台上的瓶花、书架上的小植物会使空间更加精美和完善（图4-22）。

图4-22　苏州高级私人会所的景观设计

（4）运用陈列观赏品点缀空间。陈列观赏品的品种有很多，物品的大小也不同，都能不同程度在餐厅空间里增添艺术的品位，形成一个个景点，让空间焕发出不同的光彩。

（六）餐厅的材料设计

材质在空间的渲染中起着重要作用，质感不同的材料其效果有很大的差异。材质的多元化丰富了设计语言，创造了不同的文化感受。在创造空间时，需要大量的材料来实现我们的设想，因而对材质的处理和选用都十分考究，有的强调材质的肌理、表现材质的自然属性，有的体现原始的自然材质，不进行加工处理，如表露水泥的粗糙、原木的纹理。石材质地坚硬且厚实，沉着中透露出丰富的色彩变化，搭衬浑然天成的细腻纹理，颇能展现华丽及稳重的气派质感；金属材料表面光滑，反射性强，从材质里透露出金属的光芒，让空间得到延伸；木质的纹理可谓变化万千，不同的材质带给人们不同的文化感受，不同的加工有不同的肌理，不同的组合呈现不同的品位，木材给人的感觉是朴实、自然；玻璃的界面在地面的处理上可以形成一个虚幻的空间感受，让空间在虚实之间尽显其完美。人们对不同材质的肌理会产生不同的心理反应，所以设计师对材料的运用十分重视，同时材料商也在不断地开发和研究新的材料，使材料得到不断更新和发展（图4-23）。

图4-23　墙面使用等规格的天然大理石铺贴

（七）餐厅的陈设设计

餐厅空间陈设设计的好坏关系到空间性格品质的优劣。陈设用品的范围很广，包括设施、工艺品、观赏植物等。陈设设计要根据不同的类型和环境的功能要求，创造出富有特色的餐厅环境。设计应注意与整个餐厅空间相协调，达到强化主题、升华人们心灵的目的。陈设品为表达餐厅空间的主题内容起到画龙点睛的作用。其内容和形式不是一成不变的。

1. 陈设品在宴会厅空间里的运用

宴会厅是举办各种宴会、鸡尾酒会、大小型会议的商务和文化交流的空间，是人们交流情感的空间，因而在室内的陈设设计上一定要讲究富丽、华贵、亲切的文化情感（图4-24）。

2. 陈设品在中餐厅空间里的运用

中式餐厅体现的是中国源远流长的传统文化品位，注重用餐的情调，讲究礼节，讲究和睦圆满的文化精神，从人情味中透露出中式文化精髓。陈设品的设计可以通过题字、书法、绘画、器物，借景摆放，呈现出高雅脱俗的灵性世界。传统的大红灯笼能体现浓郁的"中国传统风格"（图4-25）。

图4-24　慧泽园宴会厅

图4-25　菜香源连锁店

3. 陈设品在西餐厅空间里的运用

西餐厅令人感觉到现实与想象的一致，环境格调高雅、诚恳。西式餐厅的陈设品设计讲究环境的幽雅，常常运用的陈设品有烛光、钢琴、红酒、欧式挂件等。

4. 陈设品在快餐厅空间里的运用

快餐厅的陈设品应该线条简洁、色彩明快，如具有现代风格的挂画，季节性很强的插花，随时可以更换的桌布、装饰品等（图4-26）。

5. 陈设品在风味餐厅空间里的运用

不同的风味餐厅需要不同的陈设品，要求陈设品有很强的文化特征，陈设品的设计要抓住主题，突出民族性和地方性，选用当地绘画、图案、雕塑、陶瓷器皿、特制趣味灯饰等，让风味餐厅的主题更加鲜明（图4-27）。

图4-26 赛马骑师俱乐部快餐厅

图4-27 风味餐厅的陈设

（八）餐厅的构成形式

餐厅空间设计中的构成形式是设计的重要方面，合理地利用空间构成要素，遵循形式美的空间法则，在现代艺术设计和空间艺术设计方面都会取得很好的艺术效果。餐厅空间设计的范围很广，设计的要素十分丰富，它们之间的组合方式多种多样，是一个比较复杂的设计过程，概括起来有以下几种设计方法。

1. 统一与变化的构成形式

统一与变化是构成形式美的一种形态，也是创造形式美的基本要求。餐厅空间构成设计通过统一与变化的

表现手法，引起人们对现代艺术形式美的共鸣，从而达到美感的设计目的，它同传统建筑上的柱廊、门窗等构成要素，形成了空间美的呼应。

餐厅空间设计中的统一与变化，表现为差异的统一和对立的统一两个方面。差异的统一是指各种要素呈现出一种协调的、相近的、秩序的韵律，包括餐厅空间里柱式、墙体、造型等，它们都具有即协调、相近，又具有各自的差异性，形成了差异统一的表现手法；对立的统一是不同要素之间的既对立又统一的关系，对立是不同的形态、形式、色彩、元素的对比，统一是相同的形态关系、形式内容、色彩关系、元素内涵等具有一致的关系，从而起到协调统一的效果。

简洁明快的对立统一表现手法往往给人们带来一种强烈的感官效果，恰当地处理次要部位与主题部分的从属关系，使所有细部形态从属于总体的几何形态，用相似的几何形态将各个部分协调在一起，产生和谐统一的美感，在对比中求统一，在统一中求和谐（图4-28）。

图4-28 合肥品海
棚心圆形与近似方形的图案形成差异的统一，而与边棚形成对立的统一，天棚墙体、立柱、地面通过暖色系达成和谐统一

2. 均衡与稳定的构成形式

均衡是大自然赋予人类生理上的一种本能要求。一方面，人们在实践中已逐渐形成了一整套与重力有联系的审美体验；另一方面，由于人的视觉感受会直接影响到人的内心感受这一特点，能使人在视觉感受满足的前提下，心理审美感受达到满足。餐厅空间作为视觉艺术，应该注意强调均衡、稳定、具有空间构成的视觉中心，或者说只有容易察觉的均衡，才会令人感到满意的均衡。均衡分为对称的均衡和非对称的均衡两种表现形式。对称的均衡是通过空间的体量、形式、色彩等元素的对称达到的一种均衡形式，因为这种对称形式是左右基本相同，它符合人的视觉心理习惯，必然产生传统的美感，这是自古以来重要的空间设计与表现的常用手法；非对称均衡表现形式，表现为一种在不对称中求得均衡与稳定，它是一种视觉与心理感觉的一种均衡，表现为自由、灵活、生动的构成特点，以及动态的形式构成空间美感，它更能突出个性，适应多层次现代艺术设计审美要求，显示现代人、现代艺术、现代文明生活中艺术设计的丰富多彩（图4-29）。

图4-29 某中式餐厅陈设

3. 对比与微差的构成形式

对比与微差的构成形式很重视造型中的对比关系。造型中的微差变化可以细化和增加空间的精美感，使造型更加完美和谐。如餐厅空间设计里的踢脚线、形体之间的收口、整块造型里的图形穿插、构件的连接等都符合视觉心理的细微差别。微差是指要素之间的微妙变化，能创造出精美细致的情感，让空间在对比和微差中体现完美的统一（图4-30）。

图4-30 某酒店装饰

4. 比例与尺度的构成形式

比例是空间尺寸的一种比较关系，和谐的比较关系会使人产生一种和谐的感觉，尺度是通过比较由已知的尺寸感受未知的尺寸，或判断未知的尺寸，或感觉未知的尺寸的适应程度。比例与尺度的构成形式是解决物与物之间的对比关系，是空间里各部分相对的尺度关系。合乎比例的尺度和恰当的尺度关系是餐厅空间设计形式美的形式表达，是合乎逻辑的显现。餐厅空间里的比例关系表现在实体与空间、封闭与开敞、凹与凸的比例关系上。比例关系如何确定和一定历史时期的技术条件、功能要求和美学思想是分不开的。尺度是空间里局部与整体的可变要素和不变要素的比例关系，是物与人之间建立起的一种紧密和依赖的情感关系，所以尺度的合理性与人的情感有关系。尺度随着人们情感、审美要求的变化而变化，合乎人们心理的尺度关系也要不断地调整和更新。比例与尺度相结合，以保证餐厅空间形式的各部分和谐有序，符合正常人的审美心理。

5. 主从与重点的构成形式

文艺作品创作中由主题与副题、重点与非重点的创作形成，在许多的设计作品里，空间各部分的设计要避免平均对待，不分主次。只有做到主次分明，建立明确的视觉中心，建立空间明确的主题内容，才能使设计作品具有强烈的感染力。餐厅空间体现主从关系的表现手法：一是通过两边的对称布置，把要表现的主题通过中轴线的位置进行主题设计形成视觉中心，使重点突出；二是通过大小的造型关系体现主从关系的空间效果。

6. 节奏与韵律的构成形式

在生活中，节奏同音乐有着密切的联系，在建筑设计空间领域，节奏作为一种美学设计手段被广泛地采用，如建筑形体、构件、间距有规律的变化。节奏与韵律有着密切的联系，节奏会形成韵律，韵律会产生节奏，节奏与韵律的构成形式是现代美学的重要特征之一，是现代艺术设计的一个重要手段。由于有了节奏和韵律，人们的生活变得丰富多彩。在餐厅空间设计中，节奏与韵律的使用可以通过空间大小的变化、空间虚实的交替、设备及形式构成排列的有序，在变化中形成富有韵律的优美旋律（图4-31）。

图4-31　味之楼餐厅天花与柱形成优美的韵律

7. 显示与掩饰的构成形式

显示与掩饰是两个对立的统一体，"显示"就是把真实的东西表现出来，以展示自己的魅力；"掩饰"是把建筑构造、承重构件等真实的物体遮蔽起来，形成一种人为设计改变客观空间实体形态的艺术效果，形成空间的最佳形态。

在餐厅空间设计中，运用显示与掩饰的构成形式，通过陈设、设备等设计构造创造艺术设计的优美形体，通过空间的摆放、分隔，掩饰空间的不足，使顾客视线范围内的空间效果更加完整、空间设计更加完美，常表现为反映空间的层次和空间的形成、空间的分隔、空间的表现形态。例如，常用磨砂玻璃（或者是冰花玻璃）、沙幔、植物等设计手段形成空间的形态，让人产生朦胧的虚幻美（图4-32）。

图4-32　磨砂玻璃隔断形成虚幻美

四、餐饮空间主题设计

餐饮空间主题设计是将某种文化艺术主题概念与餐饮服务相结合，使就餐过程成为顾客的一种文化艺术的全新、生动的体验。它是在文化经济背景下产生的一种新的餐饮业的经营方式。它以鲜明的主题和文化特色吸引了众多的消费者，给我国竞争激烈的餐饮市场注入了新的活力，也引发了餐饮业结构的调整。

餐饮空间的主题设计，就是为表达某种主题含义或突出某种要素而进行的艺术设计，它有助于把餐饮环境的氛围上升到艺术的精神境界，有助于设计风格的形成。

主题餐厅设计涉及的范围很广，包括餐厅选址、制作流程、餐厅室内设计、餐厅的设备设计、陈设和装饰

等许多方面。

各类主题餐饮空间的功能性是不同的。就风味餐厅而言，它主要通过提供独特风味的菜品或独特烹调方法的菜品来满足顾客的需要，以供应地方特色菜系为多，如风味小吃店、面馆、蛇餐馆、伊斯兰风味餐厅、日本料理等。它的主题特点是具有浓厚的地方特色和民族性。

主题餐饮空间的创意设计是餐厅总体形象设计的决定因素，它是由功能需要和形象主题概念而决定的。餐饮功能区是主题餐饮空间中进行创意和艺术处理的重点区域，它的创意设计不仅体现建筑主题思想，也是室内设计的延续和深化。

（一）商业餐饮空间的主题特性

1. 具有特定的客源市场

主题餐馆所提供的产品并不是满足大众的需要，而是针对一部分人的特殊需求而特别设计的，由于所选主题的高度针对性，深受特定客源的喜爱。

2. 特殊的餐厅服务

除满足顾客的一般饮食需求外，可提供一些特殊的服务项目，突出主题，吸引宾客，如球迷餐厅代客购买球赛门票等。

3. 经营的高风险和高利润

相对大众化餐馆而言，主题餐馆目标消费群范围小，经营存在高风险，但如果调查充分、经营得法，比大众化餐馆更具有竞争力，并可带来高利润。

（二）商业餐饮空间主题的分类与营造

餐饮环境主题营造的表现意念十分丰富，社会风俗、风土人情、自然历史、文化传统等各方面的题材都是设计构思的源泉。餐饮环境主题的选择和确定，需要根据餐厅经营者的经营定位、区位选择和设计师对餐饮环境的灵感构思，经过充分比较、沟通与交流后方可确定，切不可盲目确定主题，以使餐厅的艺术品位与经营效益得到充分的结合。

1. 商业餐饮空间主题分类

（1）以丰富的文化内涵为主题。根据各地区的实际情况，巧妙地对文化宝库进行开发，体现其特殊的文化内涵，如"桃园餐厅"、"红楼梦餐厅"等（图4-33）。

图4-33　红楼梦餐厅

（2）以特定的环境为主题。设置在特定的环境中，让客人在用餐过程中同时感受到周围特别的情调与风景，如"森林餐厅"、"海底餐厅"等。

1）异域风情主题。这类餐厅在主题营造和设置上，以某一国家或地区独有的风土人情、民风民俗为主题。例如故乡屋韩国料理、西质湾越南菜馆、一升瓶日本食艺餐厅、蕉叶坞等，无不是从异域特点出发，寻求其餐饮文化卖点的。

2）农家风味主题。此类餐厅主要以有田园气息的农家生活为主题进行环境布置和乡式制作。例如乡下仔农家风味菜馆，菜肴原料出自郊外田园的物产，因物造菜，顺应自然，一切都"带着泥土的芳香"（图4-34）。

（3）以某种特殊的人情关系为主题。抓住某些特定人群的心理，以某种特殊的人情关系为主题，渲染特殊的餐饮气氛。如怀旧复古主题餐厅，多以历史上的某一时期作为主题，通过再现当时的生活场景，勾起人们对往昔岁月的追忆。例如，野味第一村餐厅时代特色鲜明，餐厅内悬挂着当年老三届上山下乡的物品，来这里用餐的多数为当年的"知青"，一盘窝窝头、一碗棒子面粥、一盏煤油灯，使他们仿佛又回到了那蹉跎岁月。

图4-34 某酒店

（4）以高科技手段为主题。运用高科技手段，营造新奇刺激的用餐环境，满足年轻人猎奇和追求刺激的欲望，如"科幻餐厅"、"太空餐厅"等。

电脑科技主题餐厅主要借助电脑科技为客人提供更便捷的服务和更丰富的信息。例如广州首家PDA点菜科技餐厅——彩膳工房主题餐厅，客人到了餐厅以后，只要轻轻按动计算机键盘，计算机屏幕上即可显示出菜肴的品种、价格等信息。

（5）以某项兴趣爱好为主题。以某项兴趣爱好和活动为主题的餐馆（图4-35），容易吸引老顾客介绍志同道合的新顾客前来就餐，如"球迷餐厅"、"电影餐厅"等。

1）音乐主题。餐厅以古典音乐、流行音乐、民族音乐、爵士乐等多种音乐体裁为主题。例如表现歌剧主题的某餐馆，在墙上装饰有200幅歌剧招贴画和100种磁带与唱片是其主要特征，在接待处四周则陈列着著名歌剧演唱家的唱片，餐馆充满了歌剧氛围。

2）读书主题。此类餐厅意在通过满室的书香，配上服务人员文雅的装扮、洒脱的举止，营造出一种清新雅致的就餐氛围，体现以高雅人文艺术为基础的饮食与文化的完美结合，以满足消费者日益扩大的精神需求。

2. 利用空间的形状和结构营造主题

（1）利用空间形状。利用矩形餐饮空间的规整、充满理性的特点，营造出一种舒适和谐的主题氛围；利用多边形、圆形餐饮空间的稳定、富有活力的特点，使空间增添动感，营造出丰富、多变的主题氛围（图4-36）。

（2）利用建筑空间的结构形式。可以利用建筑空间的结构形式，如柱、梁、墙体、管道等结构形式，形成一种空间的构造关系，并与设计主题融为一体。通过形象结构的重复，把不同的因素统一起来，可以创造和谐的主题气氛，带来流畅的视觉效果以及强烈的感染力。

图4-35 列车主题餐厅

图4-36 某酒店餐厅

3.在营造主题餐饮空间设计时应遵循的原则

（1）选择的主题必须以自身的建筑环境、社会环境、经济条件为依据，主题的确定应能代表一定范围内顾客的文化取向，应具有时尚性与先进性。

（2）要因地制宜，就地取材，切忌随波逐流，盲目效仿，因为主题餐厅是一种特色餐厅，它的受众群体不具有普遍性，要以新颖、独特、经典为主。

（3）菜肴特色要尽可能与主题相吻合、联系，互为支撑，给人以身临其境、从时间到空间达到完整的视觉和心理的整体的感受。

（4）餐饮空间的名称应具有鲜明的主题特征，设计要新颖、独特，要充分地体现艺术设计的意境和趣味。

随着经济的不断发展、社会的进步和人们生活水平的不断提高，人们不再只注重简单的吃喝，而更注重吃的环境的高雅与艺术。吃的氛围与品位，是人们在生活与交往中、商业洽谈环境中最为关心的问题。主题餐饮是社会发展和人们精神生活需求多样化的结果，也是餐饮空间艺术设计发展的趋势。因此，主题餐饮空间艺术设计的市场潜力无疑是巨大的。

项目五　西式风格餐饮空间艺术设计

实训指导

实训基础

西式风格餐饮空间艺术设计

一、西式设计风格

西式设计风格分为西式传统的设计风格和西式现代的设计风格两种。西式传统的设计风格是模仿古罗马建筑风格（图 5-1）、哥特建筑风格（图 5-2）、文艺复兴建筑风格（图 5-3）、巴洛克建筑风格、罗可可建筑风格等进行的室内建筑装饰设计风格的形式。西式现代的设计风格是借鉴传统建筑符号和传统的设计元素，运用现代的表现手段创造的艺术形式。它以简洁、明快、色彩鲜明的现代艺术表现手段，再现古典艺术设计的样式。西方古典主义设计风格从建筑设计到室内设计，从古典设计到现代设计最具有代表性，人们喜爱这样的艺术设计形式，同时在豪华的餐饮空间艺术设计中有广泛的应用，其目的是体现昔日皇家富丽堂皇、豪华的艺术设计风范，同时更多的是从这些风格里去寻找历史的经典和传统文化的信息。

图 5-1　某酒店前厅

图 5-2　深圳茵特拉根华侨城酒店

图 5-3　沈阳贵宾楼大堂

西餐厅是西式餐饮空间的一种形式，是西方国家餐饮文化的一种转移，也是中西文化交流的重要方面。它不仅是西方人的消费场所，同时也是中国餐饮文化的一个方面，体现了与国际接轨、经济全球化的重要内容。

西餐厅在欧美既是餐饮的场所，也是社交的环境。因此，淡雅的形式，协调的色彩，柔和的光线，洁白的桌布，华贵的欧式家具、设备，造型的风格，墙面的图案，雕塑及线脚，精致的餐具等，无不体现出西式风格的艺术特点，这些充分表现了西方餐饮文化的典型特征，再加上安宁的氛围、高雅的行为举止，共同构成了西式餐饮的特色。

不同国家具有地区特点的西餐厅，其经营的内容是以地区特色菜品为主，在餐饮业中属异域餐饮文化。这样的西餐厅以供应西方某国特色菜肴为主，其装饰风格也与某国民族习俗相一致，充分尊重其饮食习惯和就餐环境需求。

（一）西餐厅室内环境艺术设计的营造方法

西餐厅室内环境艺术设计的营造方法有以下几种。

（1）欧洲古典风格。这种风格注重古典气氛的营造，通常运用欧洲建筑的经典元素，如拱券、铸铁铁艺花、扶壁、古希腊、罗马经典柱式等来装饰室内的欧洲古典主义风情，同时还结合现代的空间构成手段，从灯光、音响等方面加以补充和润色（图 5-4）。

图 5-4　法式餐厅

（2）乡村风格。这是一种田园诗般恬静、温柔、富有乡村气息的装饰风格。这种风格营造手法较多地保留了原始、自然的元素，使室内空间洋溢着一种自然、浪漫的气氛，质朴而富有生气（图 5-5）。

图 5-5　某西餐厅

图 5-6　丝竹坊酒吧

（3）前卫的高技派风格。如果目标顾客是青年消费群，运用前卫而充满现代气息的设计手法最为适合青年人的口味。运用现代简洁的设计词汇语言，轻快而富有时尚气息，偶尔可流露一种神秘莫测的气质。空间构成一目了然，各个界面平整光洁，巧妙运用各种灯光构成室内温馨时尚的气氛（图 5-6）。

这是以高科技体现技术流派的一种餐饮风格形式，其特点是崇尚"机械美"，表现为突出原建筑结构，没有过多的修饰和堆砌的装饰语言，包括梁板、报警系统、各种管道都一览无余地展现在人们的面前。强调技术就是美的理论，这种风格的餐厅空间也成了喜爱高科技的人的乐园（图 5-7）。

西式餐厅的家具主要是餐桌、椅。每桌为 2 人、4 人、6 人或 8 人的方形或矩形台面（一般不用圆形）。餐桌经常被白色或粉色桌布覆盖，餐椅的靠背和坐垫常采

图 5-7　裸露建筑结构的餐厅空间

用与沙发相同的面料，如皮革、纺织品等。

酒吧柜台是西式餐厅的主要景点之一，也是每个西餐厅必备的设施，更是西方人生活方式的体现。除此之外，一台造型优美的三脚钢琴也是西式餐厅平面布置中需要考虑的因素。为了加强钢琴的中心感，经常采用抬高地面的方式（图 5-8）。

图 5-8　某西餐厅

西式餐厅的环境照明要求光线柔和，应避免过强的直射光。就餐单元的照明要求可以与就餐单元的私密性结合起来，使就餐单元的照明略强于环境照明，西式餐厅大量采用一级或多级二次反射光或有磨砂灯罩的漫射光。

西洋艺术品和装饰图案，是西式餐厅离不开的点缀和美化。

（二）用于西式餐厅的装饰品与装饰图案

用于西式餐厅的装饰品与装饰图案可以分为以下几类。

（1）古典雕塑与现代雕塑。古典雕塑适用于较为传统的装饰风格，而有的西式餐厅装饰风格较为简洁，则宜选现代感较强的雕塑，这类雕塑常采用夸张、变形、抽象的形式，具有强烈的形式美感。雕塑常结合隔断、壁龛以及庭院绿化等设置（图5-9）。

（2）西洋绘画。包括油画与水彩画等。

（3）工艺品。包括瓷器、银器、家具、灯具以及众多的纯装饰品。

（4）生活用具与传统兵器。一些具有代表性的生活用具和传统兵器也是西式餐厅经常采用的装饰手段，常用的有水车、飞镖、啤酒桶、舵与绳索等。

（5）装饰图案。在西式餐厅中，也常采用传统装饰

图案，大量采用植物图案，同时也包含一些西方人崇尚的凶猛动物（如狮与鹰等）图案，以及一些与西方人的生活密切相关的动物（如牛、羊等）图案。

二、空间设计风格

风格是设计作品富有特色的格调、气度，独具魅力的风姿、神采，是设计师独特的审美见解。通过独特的审美传达活动所反映出的基本特色，是设计师审美观和设计观念的体现，也是设计师在设计中的美学追求。

餐厅设计风格的形成，经历了不同时代思潮的影响，才发展成为具有代表性的餐厅风格形式。风格的形成包含了人文、宗教、艺术、文化、社会发展等因素的文化内涵。

1. 传统古典设计风格

传统古典设计风格包括东方传统餐厅设计风格（以中国为代表）和西方传统的餐厅风格。（详见本教材的"中式设计风格、西式设计风格"部分）

2. 现代设计风格

现代风格起源于1919年成立的包豪斯学派，强调突破旧传统、创造新空间、重视功能和空间组织（详见本教材的"现代设计风格"部分）。

图5-9　香逸渔港

3.后现代餐厅设计风格

"后现代主义"一词最早出现在西班牙作家德·奥尼斯1934年出版的《西班牙与西班牙语类诗选》一书中，用来描述现代主义内部发生的逆动，特别有一种现代主义纯理性的逆反心理，即为后现代风格。

20世纪50年代，美国在所谓现代主义衰落的情况下，也逐渐形成后现代主义的文化思潮。受60年代兴起的大众艺术的影响，后现代风格是对现代风格中纯理性主义倾向的批判，后现代风格强调建筑及室内装潢应具有历史的延续性。但又不拘泥于传统的逻辑思维方式，探索创新造型手法，讲究人情味，常在室内设置夸张、变形的柱式和断裂的拱券，或把古典构件的抽象形式以新的手法组合在一起，即采用非传统的混合、叠加、错位、裂变等手法和象征、隐喻等手段，以期创造一种溶感性与理性、集传统与现代、揉大众与行家于一体的即"亦此亦彼"的建筑形象与室内环境（图5-10）。对后现代风格不能仅仅以所看到的视觉形象来评价，需要我们透过形象从设计思想来分析。

图5-10　阿一鲍鱼太原店餐厅

后现代主义风格是一种在形式上对现代主义进行修正的设计思潮与理念。后现代主义室内设计理念完全抛弃了现代主义的严肃与简朴，往往具有一种历史隐喻性，充满大量的装饰细节，刻意制造出一种含混不清、令人迷惑的情绪，强调与空间的联系，使用非传统的色彩，它所具有的矛盾性常使人产生厌倦，而这种厌倦正是后现代主义过去50年的现代主义的典型心态（图5-11）。

图5-11　中国风餐厅

4.超现实主义设计风格

超现实主义，1920年兴起于法国。超现实主义者认为，在现实世界之外，还有一个所谓的彼岸世界——无意识或潜意识的世界。他们一方面致力于探索人类经验的先验层面；另一方面又致力于突破合乎逻辑与现实，尝试将现实观念与本能、潜意识与梦的经验相糅合，从而达到一种绝对的真实、超越的真实图。

超现实主义是一个比较前卫的风格流派，追求异常的空间布局、奇特的造型、浓重的色彩、变幻莫测的灯光效果、不同寻常的人体尺度，给人以失去平衡的空间感受，用空间与现实的差异性来寻求刺激，力求超越现实的空间体验（图5-12、图5-13）。

5.自然主义设计风格

由于科技的发展带来高节奏的生活方式，人们希望有一个能取得心理和生理平衡的空间。自然主义风格的餐厅空间正好迎合了人们这样的心理需求，推崇自然、结合自然、回归自然是自然主义倡导的原则。其装饰风格的特点是：使视野更加开阔，给封闭的室内空间以一种室外的神韵，让茂密的森林、巍峨的高山、茫茫的沙漠、辽阔的平原、壮观的大海走入人们的视野；运用天然材料，体现自然美，显示材料的自然肌理，常用木、藤、竹、

图 5-12 超现实主义的餐厅室内设计一

图 5-13 超现实主义的餐厅室内设计二

石材等，创造出餐厅空间自然、清新、简朴的乡村
风格（图 5-14）。

图 5-14 石象湖酒楼室内设计风格

6. 简约主义设计风格

简约主义风格兴起于 20 世纪 90 年代的瑞典，本质
是把设计简化，强调它内在的魅力。它体现为用很少的
装饰营造餐厅空间环境，喜欢用天然环保材料，简化室
内的装饰要素，让人们的思想在空间里自由地联想，让
情感在空间里自由地释放。简约主义风格留给人们更大
的空间，使空间富有活力（图 5-15）。

图 5-15 简约主义风格的餐厅

7. 雅致主义设计风格

高雅和清高是雅致主义餐厅风格的特点。没有嘈杂
的静谧，难得的品位，使人获得精神上的放松，幽雅的
就餐环境，成为紧张工作之余的温馨港湾，这是雅致主
义风格追求的目标。在整个空间的风格上体现为淡雅，
没有过多的色彩和过多的装饰，一般以明快的格调为装
饰氛围（图 5-16）。

8. 浪漫主义设计风格

热情，是浪漫主义风格的要素。以浪漫主义精神

图 5-16　天津迎宾馆的幽雅就餐环境

为设计出发点，赋予亲切柔和的抒情情调，追求跃动型装饰样式，以烘托宏伟、生动、热情、奔放的艺术效果（图 5-17）。在餐厅空间里，浪漫主义风格追求有情调的灯光、曲线的造型、情感空间的营造等，使空间更加柔和、充满迷人的气氛（图 5-18）。

三、界面设计方法

餐厅空间是由多个空间组合而成的一个综合空间形态。相对独立的空间的存在是依靠界面来进行分割的。界面设计对室内环境的创造，直接影响到空间的氛围和经营管理。如何把单个空间有机地结合起来，是餐厅空间设计得到落实和深化的步骤。界面设计是餐厅空间设计的重要内容，界面是由各种实体围合和限定的，包括顶棚、地面、墙体和隔断分割的空间。

（一）餐饮空间顶棚设计方法

顶棚是餐饮空间设计的重要方面，由于它所处的位置决定了它的设计具有与餐厅功能相适应的特点，它的布局、层次、造型、灯具的选用等，都与空间的设计和突出主题有着必然的联系。

餐饮空间具有不同的层高，层高决定了餐饮空间顶棚设计的形式，它直接影响着空间的不同形态以及明确相互之间的关系。顶棚的艺术设计和造型可以把许多凌乱的空间联系起来，形成较为完整的空间布局。对于顶棚设计的表现，（即施工图的表现和效果图的表现），要通过制图课程和电脑课程的技术来完成。

顶棚界面的设计要考虑的内容有：①在顶棚界面设计中，有诸多的因素需要考虑，包括顶棚的照明系统、报警系统、消防系统等；②除了解决技术性的问题外，不能忽视顶棚界面的高低，因为它会给人们带来视觉与心理的不同感受，吊顶设计的空间比例关系是至关重要的问题。

为了保证餐厅内有足够的亮度，在设计中，常常利用人工照明的手段，来满足使用和审美的要求。顶棚设计就应该有明确的照明布置图，即用什么方式照明，包

图 5-17　黄埔会餐厅的浪漫氛围

图 5-18　浪漫主义设计风格的酒吧

括用什么灯具、灯具安装的详图、照度是多大、灯具的距离是多少、是直接照射还是间接照明、照明的详细电路图（强电系统图和弱电系统图）等。除了以上的设计外，还有解决冷暖问题的暖通系统图，解决消防问题的消防系统图，解决应急措施的报警系统图等。人工照明设计在餐厅空间中，由于功能的不同和人的心理的不同需求，方法是多样的。现在照明系统也日趋完善，下面介绍几种不同的顶棚给人心理带来的不同感受。

（1）利用自然采光的顶棚界面。生态空间已成为当前室内空间研究的热点。餐厅空间里也引进了生态学的内容，如何把自然的因素还给人们。利用自然采光的顶棚，不仅可以让室内享受到阳光，同时也能节约能源，让空间更通透、更明亮，既为人类创造了优美的就餐环境，也最大限度地减少了污染，保持了生态平衡。

（2）利用原有结构形成的顶棚界面。原有结构保留在餐厅空间的，是给那些追求自然、朴实风格的人们保留的一份空间情感。有的喜欢修建时留下斑斑痕迹，有的钟爱朴实无华的木质本色，有的喜欢自然的竹质结构……这样既不破坏原有结构，又增加了变化。

（3）利用灯具造型面形成的顶棚界面。灯具就像神奇的魔术师，在顶棚中发挥作用。它不仅解决照明问题，而且可以变换出不同色彩，带给人们惊奇和不一样的感受（图5-19）。有的像天上的繁星，有的像太空飞船，有的像华丽的水晶，有的像天上的月亮，有的像流星雨，有的像闪电……正是这些不同的灯具给顶棚界面带来了多姿多彩的造型，把人们引向变幻无穷的境界。

图5-19　海鲜码头大酒店宴会厅吊顶

（4）利用体量落差而形成的顶棚界面。有的空间为了形成一种压抑感而利用了体量变化表现形式，把人们的心理空间和情绪收敛到最小，迫使这种情绪随空间引导而不断延伸。比如，表现一些科幻题材的餐厅空间，对未来餐厅的联想就运用了体量落差的顶棚界面形式。

（5）利用织物而形成的顶棚界面。织物在空间里常常被用于丰富顶棚界面，同时，织物具有亲和力，使餐厅空间具有另一种情调。

（6）模仿自然而形成的顶棚界面。在餐厅空间里，由于一些特殊的情感表达，需要再现自然的风格。

（二）餐厅地面的设计方法

地面界面承载着餐厅空间绝大多数的内容，要解决餐厅平面的形状、大小、设施和几个通道具体的位置、陈设以及绿化的计划、人流通道、家具、设备等问题，它包含了人们的一切就餐、生产和管理活动（图5-20）。通过地面界面的设计还可以改变人们的空间概念，影响人们的行为方式，从而建立起空间的秩序、空间的流程、空间的主从关系。所以，地面界面是设计工作中极为重要的内容，成功的设计是既能满足技术上的要求，又能满足人们心理所需要的艺术。另外，餐厅空间设计的平面图必须提供准确的数据、要求，有完善的定位图、施工放线图，以确保施工的准确性和计划性。

图5-20　海鲜码头大酒店餐厅地面

（三）餐厅墙体界面的设计方法

人们从进入餐厅空间起，其行为就被不同的界面所限定，墙体作为空间垂直的界面形式的一种，在餐厅空间中起着重要作用。利用墙体进行空间的分隔与空间的联系是基本形式。空间分隔方式多种多样，分隔方式决定空间彼此之间的联系程度，同时也可以创造出不同的感受、情趣和意境，从而影响人们的情绪。餐厅空间墙体界面设计有许多种方法，包括：空间墙体的设计方法、家具陈设设计方法、墙体装饰造型设计方法、墙体装饰材料设计方法。

　　餐厅空间墙体的设计表达方法是多种多样的，可根据餐厅空间的要求和心理空间的要求来设计。可以是固定的空间（通过墙体来形成不变的空间元素，如厨房、卫生间等）和可变的空间（通过灵活的分隔来改变空间元素，如屏风、植物、折叠等）；可以是静态的空间（相对独立，如雅座区、包间区等）和动态的空间（相对开敞的空间，在处理方法上可用曲线来表现，如流动的水晶、变换的光线等）；也可以是直线的规则的行为空间（以人体工程学来界定墙体的物理空间，如凉菜空间、卫生间等）和视觉空间（通过视觉来感受空间的界定，如通过吊顶形式灯具的选用来界定）。

　　下面介绍几种餐厅空间墙体界面的设计表现方法。

　　（1）运用列柱形成界面来分隔空间（图5-21、图5-22）。空间里的列柱不仅起到承担负荷的作用，还能用柱子的排列来分隔空间，形成界面。列柱在

建筑史中有着辉煌的一页，它从简单的柱廊发展为欧洲建筑最根本的形式，也成为欧洲建筑最重要的特色标志，如梵蒂冈教堂两边向外伸展的列柱，又如雅典卫城的柱式。它们的主要特征是矩形建筑绕以开敞的列柱围廊和列柱形式的定性化，具有独特的艺术特征。中式风格的列柱形成的回廊，其柱式的材质主要是木质结构，对中式建筑风格的形成起到了重要的作用。

　　（2）运用墙体形成界面来分隔空间。墙体作为空间的界面，是组成空间的重要因素之一，是空间划分的重要手段，它还起到了联系天棚和地面的作用。由于墙面是直面，它对人们的视觉往往产生强大的冲击力，故在设计时显得尤其重要。墙面是产生空间风格的平台，所以墙面的风格和形式也有不同的表现手段。

　　（3）弧形的墙体界面在空间里产生一种导向感，诱导人们沿着空间的轴线方向运动。弧形墙面还能改变人们的心理活动，使心情变得平和与恬静，因而它常常用于幽雅而温馨的餐厅空间。

　　（4）直线的墙体界面在空间里有简洁、明快的视觉效果，不仅便于人流路线的畅通，同时对采光和通风都起到很大作用。在餐厅空间里，直线的墙体大多运用在快餐、大排档等餐厅，方便管理。

图5-21　海鲜码头大酒店餐厅列柱

图 5-22　海鲜码头大酒店门厅列柱

四、施工图绘制实例

（一）平面图

参看本教材图 1-28、图 1-29。

（二）手绘图设计效果图

海鲜码头大酒店手绘设计方案效果图如图 5-23、图 5-24 所示。

图 5-23　海鲜码头大酒店海鲜展厅及菜品名档手绘设计方案图（手绘：任洪伟）

图5-24　海鲜码头大酒店宴会厅手绘设计方案图（手绘：任洪伟）

（三）计算机设计效果图制作

海鲜码头大酒店计算机设计方案效果图如图5-25、图5-26所示。

（四）工程竣工后实景

海鲜码头大酒店工程竣工后实景如图5-27 ～图5-37所示。

图5-25　海鲜码头大酒店海鲜展厅及菜品名档计算机设计效果图

图5-26　海鲜码头大酒店宴会厅计算机设计效果图

图5-27　海鲜码头大酒店外立面竣工后实景

图 5-28　海鲜码头大酒店海鲜展厅及菜品名档竣工后实景

图 5-29　海鲜码头大酒店宴会厅竣工后实景

图 5-30　海鲜码头大酒店走廊竣工后实景

图 5-32　海鲜码头大酒店包间竣工后实景

图 5-31　海鲜码头大酒店包间竣工后实景

图 5-33　海鲜码头大酒店楼梯竣工后实景

图 5-34 海鲜码头大酒店海鲜展厅竣工后实景

图 5-35 海鲜码头大酒店局部竣工后实景

图 5-36 海鲜码头大酒店局部竣工后实景

图 5-37 海鲜码头大酒店菜品名档竣工后实景

（五）施工现场与竣工后实景对比

海鲜码头大酒店装饰工程施工现场与竣工后实景对比如图 5-38 ～图 5-49 所示。

图 5-38 海鲜展厅施工现场

图 5-39 海鲜展厅竣工后实景

图 5-40　阳光厅施工现场

图 5-43　二层回廊竣工后实景

图 5-41　阳光厅竣工后实景

图 5-44　门面施工现场

图 5-42　二层回廊施工现场

图 5-45　门面竣工后实景

图 5-46　包间吊顶施工现场

图 5-47　包间吊顶竣工后实景

图 5-49　走廊竣工后实景

图 5-48　走廊施工现场

附录一 《餐饮服务食品安全操作规范》(节选)

(国家食品药品监督管理局 2011 年 8 月 22 日国食药监食
[2011] 395 号文件发布)

第一条 为加强餐饮服务食品安全管理,规范餐饮服务经营行为,保障消费者饮食安全,根据《食品安全法》、《食品安全法实施条例》、《餐饮服务许可管理办法》、《餐饮服务食品安全监督管理办法》等法律、法规、规章的规定,制定本规范。

第二条 本规范适用于餐饮服务提供者,包括餐馆、小吃店、快餐店、饮品店、食堂、集体用餐配送单位和中央厨房等。

第三条 餐饮服务提供者的法定代表人、负责人或业主是本单位食品安全的第一责任人,对本单位的食品安全负法律责任。

第四条 鼓励餐饮服务提供者建立和实施先进的食品安全管理体系,不断提高餐饮服务食品安全管理水平。

第五条 鼓励餐饮服务提供者为消费者提供分餐等健康饮食的条件。

第六条 本规范下列用语的含义

(一)餐饮服务:指通过即时制作加工、商业销售和服务性劳动等,向消费者提供食品和消费场所及设施的服务活动。

(二)餐饮服务提供者:指从事餐饮服务的单位和个人。

(三)餐馆(含酒家、酒楼、酒店、饭庄等):指以饭菜(包括中餐、西餐、日餐、韩餐等)为主要经营项目的提供者,包括火锅店、烧烤店等。

特大型餐馆:指加工经营场所使用面积在 3000m² 以上(不含 3000m²),或者就餐座位数在 1000 座以上(不含 1000 座)的餐馆。

大型餐馆:指加工经营场所使用面积在 500 ~ 3000m²(不含 500m²,含 3000m²),或者就餐座位数在 250 ~ 1000 座(不含 250 座,含 1000 座)的餐馆。

中型餐馆:指加工经营场所使用面积在 150 ~ 500m²(不含 150m²,含 500m²),或者就餐座位数在 75 ~ 250 座(不含 75 座,含 250 座)的餐馆。

小型餐馆:指加工经营场所使用面积在 150m² 以下(含 150m²),或者就餐座位数在 75 座以下(含 75 座)的餐馆。

(四)快餐店:指以集中加工配送、当场分餐食用并快速提供就餐服务为主要加工供应形式的提供者。

(五)小吃店:指以点心、小吃为主要经营项目的提供者。

(六)饮品店:指以供应酒类、咖啡、茶水或者饮料为主的提供者。

甜品站:指餐饮服务提供者在其餐饮主店经营场所内或附近开设,具有固定经营场所,直接销售或经简单加工制作后销售由餐饮主店配送的以冰激凌、饮料、甜品为主的食品的附属店面。

（七）食堂：指设于机关、学校（含托幼机构）、企事业单位、建筑工地等地点（场所），供应内部职工、学生等就餐的提供者。

（八）集体用餐配送单位：指根据集体服务对象订购要求，集中加工、分送食品但不提供就餐场所的提供者。

（九）中央厨房：指由餐饮连锁企业建立的，具有独立场所及设施设备，集中完成食品成品或半成品加工制作，并直接配送给餐饮服务单位的提供者。

（十）食品：指各种供人食用或者饮用的成品和原料以及按照传统既是食品又是药品的物品，但不包括以治疗为目的的物品。

原料：指供加工制作食品所用的一切可食用或者饮用的物质和材料。

半成品：指食品原料经初步或部分加工后，尚需进一步加工制作的食品或原料。

成品：指经过加工制成的或待出售的可直接食用的食品。

（十一）凉菜（包括冷菜、冷荤、熟食、卤味等）：指对经过烹制成熟、腌渍入味或仅经清洗切配等处理后的食品进行简单制作并装盘，一般无需加热即可食用的菜肴。

（十二）生食海产：指不经过加热处理即供食用的生长于海洋的鱼类、贝壳类、头足类等水产品。

（十三）裱花蛋糕：指以粮、糖、油、蛋为主要原料经焙烤加工而成的糕点胚，在其表面裱以奶油等制成的食品。

（十四）现榨饮料：指以新鲜水果、蔬菜及谷类、豆类等五谷杂粮为原料，通过压榨等方法现场制作的供消费者直接饮用的非定型包装果蔬汁、五谷杂粮等饮品，不包括采用浓浆、浓缩汁、果蔬粉调配而成的饮料。

（十五）加工经营场所：指与食品制作供应直接或间接相关的场所，包括食品处理区、非食品处理区和就餐场所。

1. 食品处理区：指食品的粗加工、切配、烹饪和备餐场所、专间、食品库房、餐用具清洗消毒和保洁场所等区域，分为清洁操作区、准清洁操作区、一般操作区。

（1）清洁操作区：指为防止食品被环境污染，清洁要求较高的操作场所，包括专间、备餐场所。

专间：指处理或短时间存放直接入口食品的专用操作间，包括凉菜间、裱花间、备餐间、分装间等。

备餐场所：指成品的整理、分装、分发、暂时放置的专用场所。

（2）准清洁操作区：指清洁要求次于清洁操作区的操作场所，包括烹饪场所、餐用具保洁场所。

烹饪场所：指对经过粗加工、切配的原料或半成品进行煎、炒、炸、焖、煮、烤、烘、蒸及其他热加工处理的操作场所。

餐用具保洁场所：指对经清洗消毒后的餐饮具和接触直接入口食品的工具、容器进行存放并保持清洁的场所。

（3）一般操作区：指其他处理食品和餐用具的场所，包括粗加工场所、切配场所、餐用具清洗消毒场所和食品库房等。

粗加工场所：指对食品原料进行挑拣、整理、解冻、清洗、剔除不可食用部分等加工处理的操作场所。

切配场所：指把经过粗加工的食品进行清洗、切割、称量、拼配等加工处理成为半成品的操作场所。

餐用具清洗消毒场所：指对餐饮具和接触直接入口食品的工具、容器进行清洗、消毒的操作场所。

2. 非食品处理区：指办公室、更衣场所、门厅、大堂休息厅、歌舞台、非食品库房、卫生间等非直接处理食品的区域。

3. 就餐场所：指供消费者就餐的场所，但不包括供就餐者专用的卫生间、门厅、大堂休息厅、歌舞台等辅助就餐的场所。

（十六）中心温度：指块状或有容器存放的液态食品或食品原料的中心部位的温度。

（十七）冷藏：指将食品或原料置于冰点以上较低温度条件下储存的过程，冷藏温度的范围应在 0 ~ 10℃之间。

（十八）冷冻：指将食品或原料置于冰点温度以下，以保持冰冻状态储存的过程，冷冻温度的范围应在 –20 ~ –1℃之间。

（十九）清洗：指利用清水清除原料夹带的杂质和原料、餐用具、设备和设施等表面的污物的操作过程。

（二十）消毒：用物理或化学方法破坏、钝化或除去有害微生物的操作过程。

（二十一）交叉污染：指食品、食品加工者、食品加工环境、工具、容器、设备、设施之间生物或化学的污染物相互转移的过程。

（二十二）从业人员：指餐饮服务提供者中从事食品采购、保存、加工、供餐服务以及食品安全管理等工作的人员。

第七条　本规范中"应"的要求是必须执行；"不得"的要求是禁止执行；"宜"的要求是推荐执行。

第八条　食品安全管理机构设置和人员配备要求

（一）大型以上餐馆（含大型餐馆）、学校食堂（含托幼机构食堂）、供餐人数 500 人以上的机关及企事业单位食堂、餐饮连锁企业总部、集体用餐配送单位、中央厨房应设置食品安全管理机构并配备专职食品安全管理人员。

（二）其他餐饮服务提供者应配备专职或兼职食品安全管理人员。

第九条　食品安全管理机构和人员职责要求

（一）建立健全食品安全管理制度，明确食品安全责任，落实岗位责任制。食品安全管理制度主要包括：从业人员健康管理制度和培训管理制度，加工经营场所及设施设备清洁、消毒和维修保养制度，食品、食品添加剂、食品相关产品采购索证索票、进货查验和台账记录制度，关键环节操作规程，餐厨废弃物处置管理制度，食品安全突发事件应急处置方案，投诉受理制度以及食品药品监管部门规定的其他制度。

（二）制订从业人员食品安全知识培训计划并加以实施，组织学习食品安全法律、法规、规章、规范、标准、加工操作规程和其他食品安全知识，加强诚信守法经营和职业道德教育。

（三）组织从业人员进行健康检查，依法将患有有碍食品安全疾病的人员调整到不影响食品安全的工作岗位。

（四）制订食品安全检查计划，明确检查项目及考核标准，并做好检查记录。

（五）组织制订食品安全事故处置方案，定期检查食品安全防范措施的落实情况，及时消除食品安全事故隐患。

（六）建立食品安全检查及从业人员健康、培训等管理档案。

（七）承担法律、法规、规章、规范、标准规定的其他职责。

第十条　食品安全管理人员基本要求至第十四条人员培训要求（略）

······

第十五条　选址要求

（一）应选择地势干燥、有给排水条件和电力供应的地区，不得设在易受到污染的区域。

（二）应距离粪坑、污水池、暴露垃圾场（站）、旱厕等污染源 25m 以上，并设置在粉尘、有害气体、放射性物质和其他扩散性污染源的影响范围之外。

（三）应同时符合规划、环保和消防等有关要求。

第十六条 建筑结构、布局、场所设置、分隔、面积要求

（一）建筑结构应坚固耐用、易于维修、易于保持清洁，能避免有害动物的侵入和栖息。

（二）食品处理区应设置在室内，按照原料进入、原料加工、半成品加工、成品供应的流程合理布局，并应能防止在存放、操作中产生交叉污染。食品加工处理流程应为生进熟出的单一流向。原料通道及入口、成品通道及出口、使用后的餐饮具回收通道及入口，宜分开设置；无法分设时，应在不同的时段分别运送原料、成品、使用后的餐饮具，或者将运送的成品加以无污染覆盖。

（三）食品处理区应设置专用的粗加工（全部使用半成品的可不设置）、烹饪（单纯经营火锅、烧烤的可不设置）、餐用具清洗消毒的场所，并应设置原料和（或）半成品储存、切配及备餐（饮品店可不设置）的场所。进行凉菜配制、裱花操作、食品分装操作的，应分别设置相应专间。制作现榨饮料、水果拼盘及加工生食海产品的，应分别设置相应的专用操作场所。集中备餐的食堂和快餐店应设有备餐专间，或者符合本规范第十七条第二项第五目的要求。中央厨房配制凉菜以及待配送食品储存的，应分别设置食品加工专间；食品冷却、包装应设置食品加工专间或专用设施。

（四）食品处理区应符合《餐饮服务提供者场所布局要求》。

（五）食品处理区的面积应与就餐场所面积、最大供餐人数相适应，各类餐饮服务提供者食品处理区与就餐场所面积之比、切配烹饪场所面积应符合《餐饮服务提供者场所布局要求》。

（六）粗加工场所内应至少分别设置动物性食品和植物性食品的清洗水池，水产品的清洗水池应独立设置，水池数量或容量应与加工食品的数量相适应。应设专用于清洁工具的清洗水池，其位置应不会污染食品及其加工制作过程。洗手消毒水池、餐用具清洗消毒水池的设置应分别符合本规范第十七条第八项、第十一项的规定。各类水池应以明显标志标明其用途。

（七）烹饪场所加工食品如使用固体燃料，炉灶应为隔墙烧火的外扒灰式，避免粉尘污染食品。

（八）清洁工具的存放场所应与食品处理区分开，大型以上餐馆（含大型餐馆）、加工经营场所面积 500m² 以上的食堂、集体用餐配送单位和中央厨房宜设置独立存放隔间。

（九）加工经营场所内不得圈养、宰杀活的禽畜类动物。在加工经营场所外设立圈养、宰杀场所的，应距离加工经营场所 25m 以上。

第十七条 设施要求

（一）地面与排水要求

1.食品处理区地面应用无毒、无异味、不透水、不易积垢、耐腐蚀和防滑的材料铺设，且平整、无裂缝。

2.粗加工、切配、烹饪和餐用具清洗消毒等需经常冲洗的场所及易潮湿的场所，其地面应易于清洗、防滑，并应有一定的排水坡度及排水系统。排水沟应有坡度、保持通畅、便于清洗，沟内不应设置其他管路，侧面和底面接合处应有一定弧度，并设有可拆卸的盖板。排水的流向应由高清洁操作区流向低清洁操作区，并有防止污水逆流的设计。排水沟出口应有符合本条第十二项要求的防止有害动物侵入的设施。

3.清洁操作区内不得设置明沟，地漏应能防止废弃物流入及浊气逸出。

4.废水应排至废水处理系统或经其他适当方式处理。

（二）墙壁与门窗要求

1.食品处理区墙壁应采用无毒、无异味、不透水、不易积垢、平滑的浅色材料构筑。

2.粗加工、切配、烹饪和餐用具清洗消毒等需经常冲洗的场所及易潮湿的场所，应有 1.5m 以上、浅色、不吸

水、易清洗和耐用的材料制成的墙裙，各类专间的墙裙应铺设到墙顶。

3. 粗加工、切配、烹饪和餐用具清洗消毒等场所及各类专间的门应采用易清洗、不吸水的坚固材料制作。

4. 食品处理区的门、窗应装配严密，与外界直接相通的门和可开启的窗应设有易于拆洗且不生锈的防蝇纱网或设置空气幕，与外界直接相通的门和各类专间的门应能自动关闭。室内窗台下斜45°或采用无窗台结构。

5. 以自助餐形式供餐的餐饮服务提供者或无备餐专间的快餐店和食堂，就餐场所窗户应为封闭式或装有防蝇防尘设施，门应设有防蝇防尘设施，宜设空气幕。

（三）屋顶与天花板要求

1. 加工经营场所天花板的设计应易于清扫，能防止害虫隐匿和灰尘积聚，避免长霉或建筑材料脱落等情形发生。

2. 食品处理区天花板应选用无毒、无异味、不吸水、不易积垢、耐腐蚀、耐温、浅色材料涂覆或装修，天花板与横梁或墙壁结合处有一定弧度；水蒸气较多场所的天花板应有适当坡度，在结构上减少凝结水滴落。清洁操作区、准清洁操作区及其他半成品、成品暴露场所屋顶若为不平整的结构或有管道通过，应加设平整易于清洁的吊顶。

3. 烹饪场所天花板离地面宜2.5m以上，小于2.5m的应采用机械排风系统，有效排出蒸汽、油烟、烟雾等。

（四）卫生间要求

1. 卫生间不得设在食品处理区。

2. 卫生间应采用水冲式，地面、墙壁、便槽等应采用不透水、易清洗、不易积垢的材料。

3. 卫生间内的洗手设施，应符合本条第八项的规定且宜设置在出口附近。

4. 卫生间应设有效排气装置，并有适当照明，与外界相通的门窗应设有易于拆洗不生锈的防蝇纱网。外门应能自动关闭。

5. 卫生间排污管道应与食品处理区的排水管道分设，且应有有效的防臭气水封。

（五）更衣场所要求

1. 更衣场所与加工经营场所应处于同一建筑物内，宜为独立隔间且处于食品处理区入口处。

2. 更衣场所应有足够大小的空间、足够数量的更衣设施和适当的照明设施，在门口处宜设有符合本条第八项规定的洗手设施。

（六）库房要求

1. 食品和非食品（不会导致食品污染的食品容器、包装材料、工具等物品除外）库房应分开设置。

2. 食品库房应根据储存条件的不同分别设置，必要时设冷冻（藏）库。

3. 同一库房内储存不同类别食品和物品的应区分存放区域，不同区域应有明显标志。

4. 库房构造应以无毒、坚固的材料建成，且易于维持整洁，并应有防止动物侵入的装置。

5. 库房内应设置足够数量的存放架，其结构及位置应能使储存的食品和物品距离墙壁、地面均在10cm以上，以利空气流通及物品搬运。

6. 除冷冻（藏）库外的库房应有良好的通风、防潮、防鼠等设施。

7. 冷冻（藏）库应设可正确指示库内温度的温度计，宜设外显式温度（指示）计。

（七）专间设施要求

1. 专间应为独立隔间，专间内应设有专用工具容器清洗消毒设施和空气消毒设施，专间内温度应不高于25℃，应设有独立的空调设施。中型以上餐馆（含中型餐馆）、快餐店、学校食堂（含托幼机构食堂）、供餐人数 50 人以上的机关和企事业单位食堂、集体用餐配送单位、中央厨房的专间入口处应设置有洗手、消毒、更衣设施的通过式预进间。不具备设置预进间条件的其他餐饮服务提供者，应在专间入口处设置洗手、消毒、更衣设施。洗手消毒设施应符合本条第八项规定。

2. 以紫外线灯作为空气消毒设施的，紫外线灯（波长 200～275nm）应按功率不小于 1.5W/m³ 设置，紫外线灯应安装反光罩，强度大于 70μW/cm²。专间内紫外线灯应分布均匀，悬挂于距离地面 2m 以内高度。

3. 凉菜间、裱花间应设有专用冷藏设施。需要直接接触成品的用水，宜通过符合相关规定的水净化设施或设备。中央厨房专间内需要直接接触成品的用水，应加装水净化设施。

4. 专间应设一个门，如有窗户应为封闭式（传递食品用的除外）。专间内外食品传送窗口应可开闭，大小宜以可通过传送食品的容器为准。

5. 专间的面积应与就餐场所面积和供应就餐人数相适应，各类餐饮服务提供者专间面积要求应符合《餐饮服务提供者场所布局要求》。

（八）洗手消毒设施要求

1. 食品处理区内应设置足够数量的洗手设施，其位置应设置在方便员工的区域。

2. 洗手消毒设施附近应设有相应的清洗、消毒用品和干手用品或设施。员工专用洗手消毒设施附近应有洗手消毒方法标志。

3. 洗手设施的排水应具有防止逆流、有害动物侵入及臭味产生的装置。

4. 洗手池的材质应为不透水材料，结构应易于清洗。

5. 水龙头宜采用脚踏式、肘动式或感应式等非手触动式开关，并宜提供温水。中央厨房专间的水龙头应为非手触动式开关。

6. 就餐场所应设有足够数量的供就餐者使用的专用洗手设施，其设置应符合本项第二至第四目的要求。

（九）供水设施要求

1. 供水应能保证加工需要，水质应符合 GB 5749—2006《生活饮用水卫生标准》规定。

2. 不与食品接触的非饮用水（如冷却水、污水或废水等）的管道系统和食品加工用水的管道系统，可见部分应以不同颜色明显区分，并应以完全分离的管路输送，不得有逆流或相互交接现象。

（十）通风排烟设施要求

1. 食品处理区应保持良好通风，及时排除潮湿和污浊的空气。空气流向应由高清洁区流向低清洁区，防止食品、餐用具、加工设备设施受到污染。

2. 烹饪场所应采用机械排风。产生油烟的设备上方应加设附有机械排风及油烟过滤的排气装置，过滤器应便于清洗和更换。

3. 产生大量蒸汽的设备上方应加设机械排风排气装置，宜分隔成小间，防止结露并做好凝结水的引泄。

4. 排气口应装有易清洗、耐腐蚀并符合本条第十二项要求的可防止有害动物侵入的网罩。

（十一）清洗、消毒、保洁设施要求

1. 清洗、消毒、保洁设备设施的大小和数量应能满足需要。

2. 用于清扫、清洗和消毒的设备、用具应放置在专用场所妥善保管。

3. 餐用具清洗消毒水池应专用，与食品原料、清洁用具及接触非直接入口食品的工具、容器清洗水池分开。水池应使用不锈钢或陶瓷等不透水材料制成，不易积垢并易于清洗。采用化学消毒的，至少设有 3 个专用水池。采用

人工清洗热力消毒的，至少设有 2 个专用水池。各类水池应以明显标识标明其用途。

4. 采用自动清洗消毒设备的，设备上应有温度显示和清洗消毒剂自动添加装置。

5. 使用的洗涤剂、消毒剂应符合 GB 14930.1—1994《食品工具、设备用洗涤卫生标准》和 GB 14930.2—1994《食品工具、设备用洗涤消毒剂卫生标准》等有关食品安全标准和要求。

6. 洗涤剂、消毒剂应存放在专用的设施内。

7. 应设专供存放消毒后餐用具的保洁设施，标志明显，其结构应密闭并易于清洁。

（十二）防尘、防鼠、防虫害设施及其相关物品管理要求

1. 加工经营场所门窗应按本条第二项规定设置防尘、防鼠、防虫害设施。

2. 加工经营场所可设置灭蝇设施。使用灭蝇灯的，应悬挂于距地面 2m 左右高度，且应与食品加工操作场所保持一定距离。

3. 排水沟出口和排气口应有网眼孔径小于 6mm 的金属隔栅或网罩，以防鼠类侵入。

4. 应定期进行除虫灭害工作，防止害虫孳生。除虫灭害工作不得在食品加工操作时进行，实施时对各种食品应有保护措施。

5. 加工经营场所内如发现有害动物存在，应追查和杜绝其来源，扑灭时应不污染食品、食品接触面及包装材料等。

6. 杀虫剂、杀鼠剂及其他有毒有害物品存放，应有固定的场所（或橱柜）并上锁，有明显的警示标志，并有专人保管。

7. 使用杀虫剂进行除虫灭害，应由专人按照规定的使用方法进行。宜选择具备资质的有害动物防治机构进行除虫灭害。

8. 各种有毒有害物品的采购及使用应有详细记录，包括使用人、使用目的、使用区域、使用量、使用及购买时间、配制浓度等。使用后应进行复核，并按规定进行存放、保管。

（十三）采光照明设施要求

1. 加工经营场所应有充足的自然采光或人工照明，食品处理区工作面不应低于 220lx，其他场所不宜低于 110lx。光源应不改变所观察食品的天然颜色。

2. 安装在暴露食品正上方的照明设施应使用防护罩，以防止破裂时玻璃碎片污染食品。冷冻（藏）库房应使用防爆灯。

（十四）废弃物暂存设施要求

1. 食品处理区内可能产生废弃物或垃圾的场所均应设有废弃物容器。废弃物容器应与加工用容器有明显的区分标识。

2. 废弃物容器应配有盖子，以坚固及不透水的材料制造，能防止污染食品、食品接触面、水源及地面，防止有害动物的侵入，防止不良气味或污水的溢出，内壁应光滑以便于清洗。专间内的废弃物容器盖子应为非手动开启式。

3. 废弃物应及时清除，清除后的容器应及时清洗，必要时进行消毒。

4. 在加工经营场所外适当地点宜设置结构密闭的废弃物临时集中存放设施。中型以上餐馆（含中型餐馆）、食堂、集体用餐配送单位和中央厨房，宜安装油水隔离池、油水分离器等设施。

（十五）设备、工具和容器要求

1. 接触食品的设备、工具、容器、包装材料等应符合食品安全标准或要求。

2.接触食品的设备、工具和容器应易于清洗消毒、便于检查，避免因润滑油、金属碎屑、污水或其他可能引起污染。

3.接触食品的设备、工具和容器与食品的接触面应平滑、无凹陷或裂缝，内部角落部位应避免有尖角，以避免食品碎屑、污垢等的聚积。

4.设备的摆放位置应便于操作、清洁、维护和减少交叉污染。

5.用于原料、半成品、成品的工具和容器，应分开摆放和使用并有明显的区分标识；原料加工中切配动物性食品、植物性食品、水产品的工具和容器，应分开摆放和使用并有明显的区分标志。

6.所有食品设备、工具和容器，不宜使用木质材料，必须使用木质材料时应不会对食品产生污染。

7.集体用餐配送单位和中央厨房应配备盛装、分送产品的专用密闭容器，运送产品的车辆应为专用封闭式，车辆内部结构应平整、便于清洁，设有温度控制设备。

第十八条 场所及设施设备管理要求

（一）应建立餐饮服务加工经营场所及设施设备清洁、消毒制度，各岗位相关人员宜按照《推荐的餐饮服务场所、设施、设备及工具清洁方法》（见附件3）的要求进行清洁，使场所及其内部各项设施设备随时保持清洁。

（二）应建立餐饮服务加工经营场所及设施设备维修保养制度，并按规定进行维护或检修，以使其保持良好的运行状况。

（三）食品处理区不得存放与食品加工无关的物品，各项设施设备也不得用作与食品加工无关的用途。

……

第四十六条 本规范自发布之日起施行。

附件（略）

附录二 餐饮空间常用设计规范的有关规定

参考建筑设计及卫生规范——《饮食建筑设计规范》（JCJ 64—1989）及《餐饮业和集体用餐配送单位卫生规范》（卫监督发〔2005〕260 号）。

一、一般规定

1. 顾客交通

（1）位于三层及三层以上的一级餐馆与饮食店和四层及四层以上的其他各级餐馆与饮食店均宜设置乘客电梯；

（2）方便残疾人使用的饮食建筑，在平面设计和设施上应符合有关规范的规定。

2. 防护与消毒

（1）饮食建筑有关用房应采取防蝇、鼠、虫、鸟及防尘、防潮等措施；

（2）外卖柜台或窗口临街设置时，不应干扰就餐者通行，距人行道宜有适当距离，并应有遮雨、防尘、防蝇等设施。外卖柜台或窗口在厅内设置时，不宜妨碍就餐者通行；

（3）餐具的洗涤与消毒均需单独设置。

3. 室内墙面与地面

（1）餐厅与饮食厅的室内各部面层均应选用不易积灰、易清洁的材料，墙及天棚阴角宜作成弧形。

（2）厨房各加工间的地面均应采用耐磨、不渗水、耐腐蚀、防滑、易清洗的材料制作，并应处理好地面的排水问题。室内墙面、隔断及各种工作台、水池等设施的表面，均应采用无毒、光滑的易清洁的材料。

二、餐厅设计规范

1. 餐厅的面积一般以 1.85m²/ 座计算，指标过小会造成拥挤，指标过宽，以增加工作人员的劳作活动时间和精力。

2. 100 座及 100 座以上餐馆、食堂中的餐厅与厨房（包括辅助部分）的面积比（简称餐厨比）应符合下列规定：

（1）餐馆的餐厨比宜为 1 ∶ 1.1；食堂餐厨比宜为 1 ∶ 1；

（2）餐厨比可根据饮食建筑的级别、规模、经营品种、原料储存、加工方式、燃料及各地区特点等不同情况适当调整。

3. 餐厅或饮食厅的室内净高应符合下列规定：

（1）小餐厅和小饮食厅不应低于 2.60m；设空调者不应低于 2.40m；

（2）大餐厅和大饮食厅不应低于 3.00m；

（3）异形顶棚的大餐厅和饮食厅最低处不应低于 2.40m。

4. 餐厅与饮食厅的餐桌正向布置时，桌边到桌边（或墙面）的净距应符合下列规定：

（1）仅就餐者通行时，桌边到桌边的净距不应小于 1.35m；桌边到内墙面的净距不应小于 0.90m；

（2）有服务员通行时，桌边到桌边的净距不应小于1.80m；桌边到内墙面的净距不应小于1.35m；

（3）有小车通行时，桌边到桌边的净距不应小于2.10m；

（4）餐桌采用其他型式和布置方式时，可参照前款规定并根据实际需要确定。

5. 餐厅与饮食厅采光、通风应良好。天然采光时，窗洞口面积不宜小于该厅地面面积的1/6。自然通风时，通风开口面积不应小于该厅地面面积的1/16。

6. 餐厅与饮食厅的室内各部面层均应选用不易积灰、易清洁的材料，墙及天棚阴角宜作成弧形。

7. 食堂餐厅售饭口的数量可按每50人设一个，售饭口的间距不宜小于1.10m，台面宽度不宜小于0.50m，并应采用光滑、不渗水和易清洁的材料，且不能留有沟槽。

8. 就餐者公用部分包括门厅、过厅、休息室、洗手间、厕所、收款处、饭票出售处、小卖及外卖窗口等，除按《饮食建筑设计规范》第3.2.7条规定设置外，其余均按实际需要设置。

9. 外卖柜台或窗口临街设置时，不应干扰就餐者通行，距人行道宜有适当距离，并应有遮雨、防尘、防蝇等设施。外卖柜台或窗口在厅内设置时，不宜妨碍就餐者通行。

10. 饮食建筑在适当部位应设拖布池和清扫工具存放处，有条件时宜单独设置用房。

三、厨房设计规范

1. 不同类型餐厅餐位数与对应的厨房面积比例参考表A-1。

表A-1 不同类型餐厅餐位数与对应的厨房面积比例表

餐厅类型	厨房面积（m²/餐位）	餐厅类型	厨房面积（m²/餐位）
自助餐厅	0.5 ~ 0.7	正餐厅	0.5 ~ 0.8
咖啡厅	0.4 ~ 0.6		

2. 厨房应包括有关的加工间、制作间、备餐间、库房及厨工服务用房等。

3. 厨房的位置应与餐厅联系方便，各加工间均应处理好通风与排气，并避免厨房的噪声、油烟、气味及食品储运对公共区和客房区造成干扰。

4. 厨房平面设计应符合加工流程，避免往返交错，符合卫生防疫要求，防止生食与熟食混杂等情况发生。

5. 厨房的室内净高不应低于3m。

6. 加工间的工作台边（或设备边）之间的净距：单面操作，无人通行时不应小于0.70m，有人通行时不应小于1.20m；双面操作，无人通行时不应小于1.20m，有人通行时不应小于1.50m。

7. 加工间天然采光时，窗洞口面积不宜小于地面面积的1/6；自然通风时，通风开口面积不应小于地面面积的1/10。

8. 厨房应按原料处理、工作人员更衣、主食加工、副食加工、餐具洗涤消毒存放的工艺流程合理布置。对原料与成品，生食与熟食，均应做到分隔加工与存放，并应注意以下各点：

（1）副食粗加工中肉禽和水产的工作台与洗涤池均应分隔设置，经粗加工的食品应能直接送入细加工间，避免回流，同时还要考虑废弃物的清除问题；

（2）冷荤食品应单独设置带前室的拼配室，前室中应设洗手盆；

（3）冷食制作间的入口应设通过式消毒设施；

（4）垂直运输生食和熟食的食梯应分别设置，不得合用。

9. 厨房的排水管道应通畅，并便于清扫及疏通，当采用明沟排水时，应加盖箅子。沟内阴角做成弧形，并有水封及防鼠装置。带有油腻的排水，应与其他排水系统分别设置，并安装隔油设施。

10. 通风排气应符合下列规定：

（1）各加工间均应处理好通风排气，并应防止厨房油烟气味污染餐厅；

（2）热加工间应采用机械排风，也可设置出屋面的排风竖井或设有挡风板的天窗等有效自然通风措施；

（3）产生油烟的设备上部，应加设附有机械排风及油烟过滤器的排气装置，过滤器应便于清洗和更换；

（4）产生大量蒸汽的设备除应加设机械排风外，尚宜分隔成小间，防止结露并做好凝结水的引泄。

11. 厨房和饮食制作间的热加工用房耐火等级不应低于二级。

12. 各加工间室内构造应符合下列规定：

（1）地面均应采用耐磨、不渗水、耐腐蚀、防滑易清洗的材料，并应处理好地面排水；

（2）墙面、隔断及工作台、水池等设施均应采用无毒、光滑易洁的材料，各阴角宜做成弧形；

（3）窗台宜做成不易放置物品的形式。

13. 以煤、柴为燃料的主食热加工间应设烧火间，烧火间宜位于下风侧，并处理好进煤、出灰的问题。严寒与寒冷地区宜采用封闭式烧火间。

14. 热加工间的上层有餐厅或其他用房时，其外墙开口上方应设宽度不小于 1 m 的防火挑檐。

15. 粗加工、切配、餐用具清洗消毒和烹调等需经常冲洗场所、易潮湿场所的地面应易于清洗、防滑，并应有一定的排水坡度（不小于 1.5%）及排水系统。排水沟应有坡度、保持通畅、便于清洗，沟内不应设置其他管路，侧面和底面接合处宜有一定弧度（曲率半径不小于 3cm），并设有可拆卸的盖板。排水的流向应由高清洁操作区流向低清洁操作区，并有防止污水逆流的设计。

16. 清洁操作区内不得设置明沟，地漏应能防止废弃物流入及浊气逸出（如带水封地漏）。

17. 食品处理区墙壁应采用无毒、无异味、不透水、平滑、不易积垢的浅色材料构筑。其墙角及柱角（墙壁与墙壁间、墙壁及柱与地面间、墙壁及柱与天花板）间宜有一定的弧度（曲率半径在 3cm 以上），以防止积垢和便于清洗。

18. 粗加工、切配、餐用具清洗消毒和烹调等需经常冲洗的场所、易潮湿场所应有 1.5m 以上的光滑、不吸水、浅色、耐用和易清洗的材料（例如瓷砖、合金材料等）制成的墙裙，各类专间应铺设到墙顶。

19. 食品处理区天花板应选用无毒、无异味、不吸水、表面光洁、耐腐蚀、耐温、浅色材料涂覆或装修，天花板与横梁或墙壁结合处宜有一定弧度（曲率半径在 3cm 以上）；水蒸气较多场所的天花板应有适当坡度，在结构上减少凝结水滴落。清洁操作区、准清洁操作区及其他半成品、成品暴露场所屋顶若为不平整的结构或有管道通过，应加设平整易于清洁的吊顶。

20. 烹调场所天花板离地面宜在 2.5m 以上。

21. 厕所不得设在食品处理区。

22. 食品和非食品（不会导致食品污染的食品容器、包装材料、工具等物品除外）库房应分开设置。

23. 以紫外线灯作为空气消毒装置的，紫外线灯（波长 200 ~ 275nm）应按功率不小于 1.5W/m 设置，紫外线灯宜安装反光罩，强度大于 70μW/cm。专间内紫外线灯应分布均匀，距离地面 2m 以内。

24. 凉菜间、裱花间应设有专用冷藏设施，需要直接接触成品的用水，还宜通过净水设施。

25. 专间不得设置两个以上（含两个）的门，专间如有窗户应为封闭式（传递食品用的除外）。

26. 食品处理区内应设置足够数目的洗手设施，其位置应设置在方便从业人员的区域。

27. 水龙头宜采用脚踏式、肘动式或感应式等非手动式开关或可自动关闭的开关，并宜提供温水。

四、附属空间的设计规范

辅助部分主要由各类库房、办公用房、工作人员更衣、厕所及淋浴室等组成，应根据不同等级饮食建筑的实际需要，选择设置。

1. 一般规定

（1）饮食建筑宜设置冷藏设施。设置冷藏库时应符合现行《冷库设计规范》（GBJ 72—84）的规定；

（2）各类库房天然采光时，窗洞口面积不宜小于地面面积的 1/10。自然通风时，通风开口面积不应小于地面面积的 1/20；

（3）需要设置化验室时，面积不宜小于 12m²，其顶棚、墙面及地面应便于清洁并设有给水排水设施。

2. 更衣室与淋浴房

（1）更衣处宜按全部工作人员男女分设，每人一格更衣柜，其尺寸为 0.50m×0.50m×0.50m。

（2）淋浴宜按炊事及服务人员最大班人数设置，每 25 人设一个淋浴器，设两个及两个以上淋浴器时男女应分设，每淋浴室均应设一个洗手盆。

3. 洗手设施和厕所

（1）一、二级餐馆及一级饮食店应设洗手间和厕所，三级餐馆应设专用厕所，厕所应男女分设。三级餐馆的餐厅及二级饮食店饮食厅内应设洗手池；一、二级食堂餐厅内应设洗手池和洗碗池；

（2）厕所位置应隐蔽，其前室入口不应靠近餐厅或与餐厅相对；

（3）厕所应采用水冲式。所有水龙头不宜采用手动式开关；

（4）就餐者专用的洗手设施和厕所应符合下列规定：

1）一、二级餐馆及一级饮食店应设洗手间和厕所，三级餐馆应设专用厕所，厕所应男女分设。三级餐馆的餐厅及二级饮食店饮食厅内应设洗手池；一、二级食堂餐厅内应设洗手池和洗碗池；

2）卫生器具设置数量应符合《饮食建筑设计规范》第 3.2.7 条的规定；

3）厕所位置应隐蔽，其前室入口不应靠近餐厅或与餐厅相对；

4）厕所应采用水冲式。所有水龙头不宜采用手动式开关。

5）后勤厕所应按全部工作人员最大班人数设置，30 人以下者可设一处，超过 30 人者男女应分设，并均为水冲式厕所。男厕每 50 人设一个大便器和一个小便器，女厕每 25 人设一个大便器，男女厕所的前室各设一个洗手盆，厕所前室门不应朝向各加工间和餐厅。

附录三 《饮食建筑设计规范》

第一章 总则

第1.0.1条 为保证饮食建筑设计的质量，使饮食建筑符合适用、安全、卫生等基本要求，特制定本规范。

第1.0.2条 本规范适用于城镇新建、改建或扩建的以下三类饮食建筑设计（包括单建和联建）：

一、营业性餐馆（简称餐馆）；

二、营业性冷、热饮食店（简称饮食店）；

三、非营业性的食堂（简称食堂）。

第1.0.3条 餐馆建筑分为三级。

一、一级餐馆，为接待宴请和零餐的高级餐馆，餐厅座位布置宽畅、环境舒适，设施、设备完善；

二、二级餐馆，为接待宴请和零餐的中级餐馆，餐厅座位布置比较舒适，设施、设备比较完善；

三、三级餐馆，以零餐为主的一般餐馆。

第1.0.4条 饮食店建筑分为二级。

一、一级饮食店，为有宽畅、舒适环境的高级饮食店，设施、设备标准较高；

二、二级饮食店，为一般饮食店。

第1.0.5条 食堂建筑分为二级。

一、一级食堂，餐厅座位布置比较舒适；

二、二级食堂，餐厅座位布置满足基本要求。

第1.0.6条 饮食建筑设计除应执行本规范外，尚应符合现行的《民用建筑设计通则》（JGJ 37—87）以及国家或专业部门颁布的有关设计标准、规范和规定。

第二章 基地和总平面

第2.0.1条 饮食建筑的修建必须符合当地城市规划与食品卫生监督机构的要求，选择群众使用方便，通风良好，并具有给水排水条件和电源供应的地段。

第2.0.2条 饮食建筑严禁建于产生有害、有毒物质的工业企业防护地段内；与有碍公共卫生的污染源应保持一定距离，并须符合当地食品卫生监督机构的规定。

第2.0.3条 饮食建筑的基地出入口应按人流、货流分别设置，妥善处理易燃、易爆物品及废弃物等的运存路线与堆场。

第2.0.4条 在总平面布置上，应防止厨房（或饮食制作间）的油烟、气味、噪声及废弃物等对邻近建筑物的影响。

第2.0.5条 一、二级餐馆与一级饮食店建筑宜有适当的停车空间。

第三章 建筑设计

第一节 一般规定

第3.1.1条 餐馆、饮食店、食堂由餐厅或饮食厅、公用部分、厨房或饮食制作间和辅助部分组成。

第3.1.2条 餐馆、饮食店、食堂的餐厅与饮食厅每座最小使用面积应符合表3.1.2的规定：

表3.1.2 餐厅与饮食厅每座最小使用面积

等级＼类别	餐馆餐厅（m²/座）	饮食店餐厅（m²/座）	食堂餐厅（m²/座）
一	1.30	1.30	1.10
二	1.10	1.10	0.85
三	1.00	—	—

第3.1.3条 100座及100座以上餐馆、食堂中的餐厅与厨房（包括辅助部分）的面积比（简称餐厨比）应符合下列规定：

一、餐馆的餐厨比宜为1∶1.1；食堂餐厨比宜为1∶1；

二、餐厨比可根据饮食建筑的级别、规模、经营品种、原料储存、加工方式、燃料及各地区特点等不同情况适当调整。

第3.1.4条 位于三层及三层以上的一级餐馆与饮食店和四层及四层以上的其他各级餐馆与饮食店均宜设置乘客电梯。

第3.1.5条 方便残疾人使用的饮食建筑，在平面设计和设施上应符合有关规范的规定。

第3.1.6条 饮食建筑有关用房应采取防蝇、鼠、虫、鸟及防尘、防潮等措施。

第3.1.7条 饮食建筑在适当部位应设拖布池和清扫工具存放处，有条件时宜单独设置用房。

第二节 餐厅、饮食厅和公用部分

第3.2.1条 餐厅或饮食厅的室内净高应符合下列规定：

一、小餐厅和小饮食厅不应低于2.60m；设空调者不应低于2.40m；

二、大餐厅和大饮食厅不应低于3.00m；

三、异形顶棚的大餐厅和饮食厅最低处不应低于2.40m。

第3.2.2条 餐厅与饮食厅的餐桌正向布置时，桌边到桌边（或墙面）的净距应符合下列规定：

一、仅就餐者通行时，桌边到桌边的净距不应小于1.35m；桌边到内墙面的净距不应小于0.90m；

二、有服务员通行时，桌边到桌边的净距不应小于1.80m；桌边到内墙面的净距不应小于1.35m；

三、有小车通行时，桌边到桌边的净距不应小于2.10m；

四、餐桌采用其他型式和布置方式时，可参照前款规定并根据实际需要确定。

第3.2.3条 餐厅与饮食厅采光、通风应良好。天然采光时，窗洞口面积不宜小于该厅地面面积的1/6。自然通风时，通风开口面积不应小于该厅地面面积的1/16。

第3.2.4条　餐厅与饮食厅的室内各部面层均应选用不易积灰、易清洁的材料，墙及天棚阴角宜作成弧形。

第3.2.5条　食堂餐厅售饭口的数量可按每50人设一个，售饭口的间距不宜小于1.10 m，台面宽度不宜小于0.50 m，并应采用光滑、不渗水和易清洁的材料，且不能留有沟槽。

第3.2.6条　就餐者公用部分包括门厅、过厅、休息室、洗手间、厕所、收款处、饭票出售处、小卖及外卖窗口等，除按第3.2.7条规定设置外，其余均按实际需要设置。

第3.2.7条　就餐者专用的洗手设施和厕所应符合下列规定：

一、一、二级餐馆及一级饮食店应设洗手间和厕所，三级餐馆应设专用厕所，厕所应男女分设。三级餐馆的餐厅及二级饮食店饮食厅内应设洗手池；一、二级食堂餐厅内应设洗手池和洗碗池；

二、卫生器具设置数量应符合表3.2.7的规定：

表3.2.7　卫生器具设置数量

类别	等级	洗手间中洗手盆	洗手水龙头	洗碗水龙头	厕所中大小便器
餐馆	一、二级	≤50座设1个，>50座时每100座增设1个			≤100座时设男大便器1个，小便器1个，女大便器1个；>100座时每100座增设男大或小便器1个，女大便器1个
	三		≤50座设1个，>50座时每100座增设1个		
饮食店	一	≤50座设1个，>50座时每100座增设1个			
	二		≤50座设1个，>50座时每100座增设1个		
食堂	一		≤50座设1个，>50座时每100座增设1个	≤50座设1个，>50座时每100座增设1个	
	二		≤50座设1个，>50座时每100座增设1个	≤50座设1个，>50座时每100座增设1个	

三、厕所位置应隐蔽，其前室入口不应靠近餐厅或与餐厅相对；

四、厕所应采用水冲式。所有水龙头不宜采用手动式开关。

第3.2.8条　外卖柜台或窗口临街设置时，不应干扰就餐者通行，距人行道宜有适当距离，并应有遮雨、防尘、防蝇等设施。外卖柜台或窗口在厅内设置时，不宜妨碍就餐者通行。

第三节　厨房和饮食制作间

第3.3.1条　餐馆与食堂的厨房可根据经营性质、协作组合关系等实际需要选择设置下列各部分：

一、主食加工间——包括主食制作间和主食热加工间；

二、副食加工间——包括粗加工间、细加工间、烹调热加工间、冷荤加工间及风味餐馆的特殊加工间；

三、备餐间——包括主食备餐、副食备餐、冷荤拼配及小卖部等。冷荤拼配间与小卖部均应单独设置；

四、食具洗涤消毒间与食具存放间。食具洗涤消毒间应单独设置；

五、烧火间。

第3.3.2条　饮食店的饮食制作间可根据经营性质选择设置下列各部分：

一、冷食加工间——包括原料调配、热加工、冷食制作、其他制作及冷藏用房等；

二、饮料（冷、热）加工间——包括原料研磨配制、饮料煮制、冷却和存放用房等；

三、点心、小吃、冷荤等制作的房间内容参照第3.3.1条规定的有关部分；

四、食具洗涤消毒间与食具存放间。食具洗涤消毒间应单独设置。

第3.3.3条　厨房与饮食制作间应按原料处理、主食加工、副食加工、备餐、食具洗存等工艺流程合理布置，严格做到原料与成品分开，生食与熟食分隔加工和存放，并应符合下列规定：

一、副食粗加工宜分设肉禽、水产的工作台和清洗池，粗加工后的原料送入细加工间避免反流。遗留的废弃物应妥善处理；

二、冷荤成品应在单间内进行拼配，在其入口处应设有洗手设施的前室；

三、冷食制作间的入口处应设有通过式消毒设施；

四、垂直运输的食梯应生、熟分设。

第3.3.4条　厨房和饮食制作间的室内净高不应低于3.00m。

第3.3.5条　加工间的工作台边（或设备边）之间的净距：单面操作，无人通行时不应小于0.70m，有人通行时不应小于1.20m；双面操作，无人通行时不应小于1.20m，有人通行时不应小于1.50m。

第3.3.6条　加工间天然采光时，窗洞口面积不宜小于地面面积的1/6；自然通风时，通风开口面积不应小于地面面积的1/10。

第3.3.7条　通风排气应符合下列规定：

一、各加工间均应处理好通风排气，并应防止厨房油烟气味污染餐厅；

二、热加工间应采用机械排风，也可设置出屋面的排风竖井或设有挡风板的天窗等有效自然通风措施；

三、产生油烟的设备上部，应加设附有机械排风及油烟过滤器的排气装置，过滤器应便于清洗和更换；

四、产生大量蒸汽的设备除应加设机械排风外，尚宜分隔成小间，防止结露并做好凝结水的引泄。

第3.3.8条　厨房和饮食制作间的热加工用房耐火等级不应低于二级。

第3.3.9条　各加工间室内构造应符合下列规定：

一、地面均应采用耐磨、不渗水、耐腐蚀、防滑易清洗的材料，并应处理好地面排水；

二、墙面、隔断及工作台、水池等设施均应采用无毒、光滑易洁的材料，各阴角宜做成弧形；

三、窗台宜做成不易放置物品的形式。

第3.3.10条　以煤、柴为燃料的主食热加工间应设烧火间，烧火间宜位于下风侧，并处理好进煤、出灰的问题。严寒与寒冷地区宜采用封闭式烧火间。

第3.3.11条　热加工间的上层有餐厅或其他用房时，其外墙开口上方应设宽度不小于1m的防火挑檐。

第四节　辅助部分

第3.4.1条　辅助部分主要由各类库房、办公用房、工作人员更衣、厕所及淋浴室等组成，应根据不同等级饮食

建筑的实际需要，选择设置。

第 3.4.2 条　饮食建筑宜设置冷藏设施。设置冷藏库时应符合现行《冷库设计规范》（GBJ 72—84）的规定。

第 3.4.3 条　各类库房应符合第 3.1.6 条规定。天然采光时，窗洞口面积不宜小于地面面积的 1/10。自然通风时，通风开口面积不应小于地面面积的 1/20。

第 3.4.4 条　需要设置化验室时，面积不宜小于 12m²，其顶棚、墙面及地面应便于清洁并设有给水排水设施。

第 3.4.5 条　更衣处宜按全部工作人员男女分设，每人一格更衣柜，其尺寸为 0.50m × 0.50m × 0.50m。

第 3.4.6 条　淋浴宜按炊事及服务人员最大班人数设置，每 25 人设一个淋浴器，设二个及二个以上淋浴器时男女应分设，每淋浴室均应设一个洗手盆。

第 3.4.7 条　厕所应按全部工作人员最大班人数设置，30 人以下者可设一处，超过 30 人者男女应分设，并均为水冲式厕所。男厕每 50 人设一个大便器和一个小便器，女厕每 25 人设一个大便器，男女厕所的前室各设一个洗手盆，厕所前室门不应朝向各加工间和餐厅。

第四章　建筑设备

第一节　给水排水

第 4.1.1 条　饮食建筑应设给水排水系统，其用水量标准及给水排水管道的设计，应符合现行《建筑给水排水设计规范》（GBJ 15—88）的规定，其中淋浴用热水（40℃）可取 40L/ 人次。

第 4.1.2 条　淋浴热水的加热设备，当采用煤气加热器时，不得设于淋浴室内，并设可靠的通风排气设备。

第 4.1.3 条　餐馆、饮食店及食堂设冷冻或空调设备时，其冷却用水应采用循环冷却水系统。

第 4.1.4 条　餐馆、饮食店及食堂内应设开水供应点。

第 4.1.5 条　厨房及饮食制作间的排水管道应通畅，并便于清扫及疏通，当采用明沟排水时，应加盖箅子。沟内阴角做成弧形，并有水封及防鼠装置。带有油腻的排水，应与其他排水系统分别设置，并安装隔油设施。

第二节　采暖、空调和通风

第 4.2.1 条　采暖

一、各类房间冬季采暖室内设计温度应符合表 4.2.1 的规定：

表 4.2.1　冬季采暖室内设计温度

房间名称	室内设计温度（℃）	房间名称	室内设计温度（℃）
餐厅、饮食厅	18 ~ 20	干菜库、饮料库	8 ~ 10
厨房和饮食制作间（冷加工间）	16	蔬菜库	5
厨房和饮食制作间（热加工间）	10	洗涤间	16 ~ 20

二、厨房和饮食制作间内应采用耐腐蚀和便于清扫的散热器。

第 4.2.2 条　空调

一、一级餐馆的餐厅、一级饮食店的饮食厅和炎热地区的二级餐馆的餐厅宜设置空调，空调设计参数应符合表 4.2.2 的规定；

表 4.2.2 夏季空调设计参数

房间名称	设计温度（℃）	相对湿度（%）	噪声标准（db）	新风量［m³/（h·人）］	工作地带风速（m/s）
一级餐厅、饮食厅	24 ~ 26	< 65	NC40	25	< 0.25
二级餐厅	25 ~ 28	< 65	NC50	20	< 0.3

二、一级餐馆宜采用集中空调系统，一级饮食店和二级餐馆可采用局部空调系统。

第 4.2.3 条 通风

一、厨房和饮食制作间的热加工间机械通风的换气量宜按热平衡计算，计算排风量的 65％ 通过排风罩排至室外，而由房间的全面换气排出 35％；

二、排气罩口吸气速度一般不应小于 0.5m/s，排风管内速度不应小于 10m/s；

三、厨房和饮食制作间的热加工间，其补风量宜为排风量的 70％ 左右，房间负压值不应大于 5Pa。

第 4.2.4 条 蒸箱以及采用蒸汽的洗涤消毒设施，供汽管表压力宜为 0.2MPa。

第 4.2.5 条 厨房的排风系统宜按防火单元设置，不宜穿越防火墙。厨房水平排风道通过厨房以外的房间时，在厨房的墙上应设防火阀门。

第三节 电气

第 4.3.1 条 一级餐馆的宴会厅及为其服务的厨房的照明部分电力应为二级负荷。

第 4.3.2 条 厨房及饮食制作间的电源进线应留有一定余量。配电箱留有一定数量的备用回路及插座。电气设备、灯具、管路应有防潮措施。

第 4.3.3 条 主要房间及部位的平均照度推荐值宜符合表 4.3.3 的规定。

表 4.3.3 平均照度推荐值

房间名称	推荐值（lx）	房间名称	推荐值（lx）
宴会用的餐厅	150 ~ 200 ~ 300	厨房	100 ~ 150 ~ 200
大餐厅	50 ~ 75 ~ 100	饮食制作间	75 ~ 100 ~ 150
小餐厅	100 ~ 150 ~ 200	库房	30 ~ 50 ~ 75
大、小饮食厅	50 ~ 75 ~ 100		

第 4.3.4 条 厨房、饮食制作间及其他环境潮湿的场地，应采用漏电保护器。

第 4.3.5 条 餐馆、饮食店应设置市内直通电话，一级餐馆及一级饮食店宜设置公用电话。

第 4.3.6 条 一级餐馆的餐厅及一级饮食店的饮食厅宜设置播放背景音乐的音响设备。

附一 名词解释

1.餐馆：凡接待就餐者零散用餐，或宴请宾客的营业性中、西餐馆，包括饭庄、饭馆、饭店、酒家、酒楼、风味餐厅、旅馆餐厅、旅游餐厅、快餐馆及自助餐厅等等，统称为餐馆。

2.饮食店：设有客座的营业性冷、热饮食店，包括咖啡厅、茶园、茶厅、单纯出售酒类冷盘的酒馆、酒吧以及各类小吃店等，统称为饮食店。

3.食堂：设于机关、学校、厂矿等企事业单位、为供应其内部职工、学生等就餐的非盈利性场所，统称为食堂。

4. 污染源：一般指传染性医院、易于孳生蚊、蝇的粪坑、污水池、牲畜棚圈、垃圾场等处所。

5. 餐厅：餐馆、食堂中的就餐部分统称为餐厅。40座及40座以下者为小餐厅，40座以上者为大餐厅。

6. 饮食厅：饮食店中设有客座接待就餐者的部分统称为饮食厅。40座及40座以下者为小饮食厅，40座以上者为大饮食厅。

7. 就餐者：餐馆、饮食店的顾客和食堂就餐人统称为就餐者。

8. 主食制作间：指米、面、豆类及杂粮等半成品加工处。

9. 主食热加工间：指对主食半成品进行蒸、煮、烤、烙、煎、炸等的加工处。

10. 副食粗加工间：包括肉类的洗、去皮、剔骨和分块；鱼虾等刮鳞、剪须、破腹、洗净；禽类的拔毛、开膛、洗净；海珍品的发、泡、择、洗；蔬菜的择拣、洗等的加工处。

11. 副食细加工间：把经过粗加工的副食品分别按照菜肴要求洗、切、称量、拼配为菜肴半成品的加工处。

12. 烹调热加工间：指对经过细加工的半成品菜肴，加以调料进行煎、炒、烹、炸、蒸、焖、煮等的热加工处。

13. 冷荤加工间：包括冷荤制作与拼配两部分，亦称酱菜间、卤味间等。本规范统称为冷荤加工间。冷荤制作处系指把粗、细加工后的副食进行煮、卤、熏、焖、炸、煎等使其成为熟食的加工处；冷荤拼配处系指把生冷及熟食按照不同要求切块、称量及拼配加工成冷盘的加工处。

14. 风味餐馆的特殊加工间：如烤炉间（包括烤鸭、鹅肉等）或其他加工间等，根据需要设置，其热加工间应按本规范要求处理。

15. 备餐间：主、副食成品的整理、分发及暂时置放处。

16. 付货处：主、副食成品、点心、冷热饮料等向餐厅或饮食厅的交付处。

17. 小卖部：指烟、糖、酒与零星食品的出售处。

18. 化验室：主要指自行加工食品的检验处。

19. 库房：包括主食库、冷藏库、干菜库、调料库、蔬菜库、饮料库、杂品库以及养生池等。

附二　本规范用词说明

一、为便于在执行本规范条文时区别对待，对要求严格程度不同的用词说明如下：

1. 表示很严格，非这样做不可的：正面词采用"必须"，反面词采用"严禁"。

2. 表示严格，在正常情况下均应这样做的：正面词采用"应"，反面词采用"不应"或"不得"。

3. 表示允许稍有选择，在条件许可时首先应这样做的：正面词采用"宜"或"可"，反面词采用"不宜"。

二、条文中指明应按其他有关标准、规范执行的，写法为"应按……执行"或"应符合……要求或规定"。非必须按所指定的标准、规范执行时，写法为"可参照……执行"。

附录四　餐饮服务场所布局要求

《餐饮服务食品安全操作规范》对餐饮服务提供者场所布局有如下规定。

	加工经营场所面积或人数	食品处理区与就餐场所面积之比（推荐）	切配烹饪场所面积	凉菜间面积	食品处理区为独立隔间的场所
餐馆	≤150m²	≥1：2.0	≥食品处理区面积50%	≥食品处理区面积10%	加工烹饪、餐用具清洗消毒
餐馆	150～500m²（不含150m²，含500m²）	≥1：2.2	≥食品处理区面积50%	≥食品处理区面积10%，且≥5m²	加工、烹饪、餐用具清洗消毒
餐馆	500～3000m²（不含500m²，含3000m²）	≥1：2.5	≥食品处理区面积50%	≥食品处理区面积10%	粗加工、切配、烹饪、餐用具清洗消毒、清洁工具存放
餐馆	>3000m²	≥1：3.0	≥食品处理区面积50%	≥食品处理区面积10%	粗加工、切配、烹饪、餐用具清洗消毒、餐用具保洁、清洁工具存放
快餐店	—	—	≥食品处理区面积50%	≥食品处理区面积10%，且≥5m²	加工、备餐
小吃店饮品店	—	—	≥食品处理区面积50%	≥食品处理区面积10%	加工、备餐
食堂	供餐人数50人以下的机关、企事业单位食堂	—	≥食品处理区面积50%	≥食品处理区面积10%	备餐、其他参照餐馆相应要求设置
食堂	供餐人数300人以下的学校食堂，供餐人数50～500人的机关、企事业单位食堂	—	≥食品处理区面积50%	≥食品处理区面积10%，且≥5m²	备餐、其他参照餐馆相应要求设置
食堂	供餐人数300人以上的学校（含托幼机构）食堂，供餐人数500人以上的机关、企事业单位食堂	—	≥食品处理区面积50%	≥食品处理区面积10%	备餐、其他参照餐馆相应要求设置
食堂	建筑工地食堂	布局要求和标准由各省级食品药品监管部门制定			—
集体用餐配送单位	食品处理区面积与最大供餐人数相适应，小于200m²，面积与单班最大生产份数之比为1：2.5；200～400m²，面积与单班最大生产份数之比为1：2.5；400～800m²，面积与单班最大生产份数之比为1：4；800～1500m²，面积与单班最大生产份数之比为1：6；面积大于1500m²的，其面积与单班最大生产份数之比可适当减少。烹饪场所面积≥食品处理区面积15%，分餐间面积≥食品处理区10%，清洗消毒面积≥食品处理区10%				粗加工、切配、烹饪、餐用具清洗消毒、餐用具保洁、分装、清洁工具存放
中央厨房	加工操作和储存场所面积原则上不小于300m²；清洗消毒区面积不小于食品处理区面积的10%		≥食品处理区面积15%	≥10m²	粗加工、切配、烹饪、面点制作、食品冷却、食品包装、待配送食品储存、工用具清洗消毒、食品库房、更衣室、清洁工具存放

注　1. 各省级食品药品监管部门可对小型餐馆、快餐店、小吃店、饮品店的场所布局，结合本地情况进行调整，报国家食品药品监督管理局备案。

　　2. 全部使用半成品加工的餐饮服务提供者以及单纯经营火锅、烧烤的餐饮服务提供者，食品处理区与就餐场所面积之比在上表基础上可适当减少，有关情况报国家食品药品监督管理局备案。

参考文献

［1］ 赵荣光．中国饮食文化概论［M］．2版．北京：高等教育出版社，2008.

［2］ 赵世琪．餐馆卖场设计［M］．沈阳：辽宁科学技术出版社，2002.

［3］ 黄浏英．主题餐厅设计与管理［M］．沈阳：辽宁科学技术出版社，2001.

［4］ 黄文波．餐饮管理［M］．天津：南开大学出版社，2005.

［5］ 任百尊．中国食经［M］．上海：上海文化出版社，1999.

［6］ 刘圣辉，徐佳兆．风情餐吧［M］．沈阳：辽宁科学技术出版社，2004.

［7］ 刘圣辉，徐佳兆．北京中餐厅［M］．沈阳：辽宁科学技术出版社，2003.

［8］ 贝思出版有限公司．现代餐饮空间［M］．沈阳：辽宁科学技术出版社，2001.

［9］ 肖然，周小又．世界室内设计（餐饮空间）［M］．南京：江苏人民出版社，2011.

［10］ 徐佳兆．亚洲风格餐厅［M］．沈阳：辽宁科学技术出版社，2003.

［11］ 刘圣辉．新上海餐厅［M］．沈阳：辽宁科学技术出版社，2004.

［12］ 刘圣辉．中式风格［M］．沈阳：辽宁科学技术出版社，2002.

［13］ 约翰·菲斯克．解读大众文化［M］．杨全强，译．南京：南京大学出版社，2006.

［14］ 华国梁，马建鹰，赵建民．中国饮食文化［M］．沈阳：东北财经大学出版社，2002.

［15］ 唐艺设计资讯集团有限公司．行宫：顶级酒店总统套房［M］．天津：天津大学出版社，2010.

［16］ 深圳市南海艺术设计有限公司．亚洲设计：餐饮空间［M］．海口：南海出版公司，2003.

［17］ 贝思出版有限公司．DiningSpace 餐饮空间［M］．大连：大连理工大学出版社，2010.

［18］ 深圳市创扬文化传播有限公司．2010餐饮空间设计经典［M］．福州：福建科技出版社，2010.

［19］ 韩国建筑世界株式会社著．餐饮空间［M］．大连：大连理工大学出版社，2002.